www.promiseone.bank

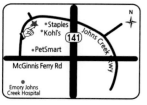

난 걱정 안해!

아나운서 손문선

어르신들!
서울 메디칼 그룹
주치의 계시니까 좋으시죠?

시니어 분들이 왜 주치의가 필요할까요?

어디가 아프면 일단 주치의 먼저 찾아가서 물어보거든.
왜냐면 수술할지 말지, 약을 먹을지 말지
주치의가 다 알아서 먼저 해결해 주니깐...

오랫동안 나를 진료해 주신 주치의는
나를 가장 잘 알고 꼭 필요한 전문의를
연결시켜주기 때문에 걱정 안 해.

최고로 빠른 전문의 리퍼! 정확한 리퍼!
서울 메디칼 그룹의 훌륭한 주치의와 함께 하세요!

5년 연속 5스타 등급을 받은
한인 메디칼 그룹 중에서는 최고의 메디칼 그룹!
서울 메디칼 그룹!

※ HMO는 주치의 (내과의, 가정의학과)를 선정하고 그 주치의를 통해서 치료를 받으며 외과, 안과, 심장 내과 등 각 과 진료가 필요할 때 주치의가 지정해주는 의료기관에서 진료를 받을 수 있는 의료 제도입니다.

웰케어   휴매나   유나이티드헬스케어   앤섬 블루크로스

서울 메디칼 그룹
SEOUL MEDICAL GROUP
시니어 메디칼 그룹

조지아 지역   404.906.9633
855.833.2022

시대를 앞서가는 보험!

UNI 가 인생의 새 막을 함께 열어드립니다!

케니 신
President/CEO
678-448-7979

신진하
Administrative Vice President
678-887-7102

스테이시 유
District Marketing Director
404-452-5165

크리스 오
Senior Marketing Director
404-993-3256

제이슨 박
Marketing Director
678-622-6544

김영희
Marketing Director
404-384-2875

김효중
Marketing Director
770-454-7060

헬렌 김
Marketing Director
770-310-1996

재키 염
Marketing Director
404-921-7443

세실리아 한
Marketing Director
678-527-9138

유니스 김
Marketing Director
404-509-3345

배유나
Marketing Director
678-622-6879

이현주
Marketing Director
678-200-4004

김수영
Marketing Director
770-317-7626

조애나 정
Marketing Director
404-259-7670

제시카 리
Marketing Director
404-558-2150

이미애
Marketing Director
404-932-5557

권나미
Marketing Director
404-992-9123

홍선옥
Marketing Director
678-315-5401

조셉 최
Marketing Director
678-997-7450

유경희
Marketing Director
678-907-7988

오선주
Senior Agent
714-579-5422

최수연
Senior Agent
404-903-9347

이명자
Senior Agent
404-514-5697

유지선
678-770-7170

UNI worldwide **Financial Marketing**

3805 Crestwood Pkwy Suite #260 Duluth, GA 30096
Tel 888.862.6354 / Fax 678.205.0916
www.uniwfm.com

보험은 미래를 위한 약속입니다.

당신의 든든한 사업 파트너 UNI가 함께 합니다.

Products
비지니스 | Liability
자산 | Property
산재 | Worker's Comp
개인 | Home & Auto
Cyber Liability
Professional Liability
Management Liability

Industry
외식업 | Food & Beverage Program
호텔/모텔 | Hospitality Program
지상사/기업 | Foreign National Program

Retail / Wholesale (Import)
Automotive (Dealer / Garage)
Manufacturer

AL   CO   GA   MD   NC   SC   NJ   TN   TX   VA

UNI
Property and Casualty
Insurance Agency

미주
본사

3805 Crestwood Pkwy Suite #260 Duluth, GA 30096

  770.674.4389

@ info@unipnc.com
www.unipnc.com

UNI Medicare and Health
Insurance Agency

" UNI 메디케어 팀이
도와드리면
확실히 다릅니다. "

실력과 신뢰로 전문적인 서비스를 제공합니다

20년간의 회계 및 세무 실무 경험을 바탕으로 전문적이고
정직한 서비스 제공을 고객 여러분께 약속드립니다.

주요업무

· 개인 세금 보고
· 사업체 세금 보고
· 기타 세금 보고
· Bookkeeping
· Payroll Services

· 은퇴 계획 및 재정 설계 자문
· 경영 진단 및 자문
· 회계부서 체계 정립
· 법인 설립
· 해외 금융 자산 신고

UNI Tax Services

임빈학 공인 회계사

Introduction

머 리 말

애틀랜타 생활 1년 반입니다. 주말마다 걸었습니다. 조지아를 가장 잘 아는 것은 직접 걸어보는 것이라고 생각해서였지요. 가까운 동네공원도 걷고 좋다는 주립공원도 걸었습니다. 애팔래치안 산자락도 오르고, 대서양 바다도 찾아갔습니다.

다니다 보니 혼자만 알고 있기 아까운 곳들이 자꾸 눈에 밟혔습니다. 짬을 내 글을 쓰고 찍은 사진을 가려 뽑아 애틀랜타중앙일보 지면에 하나 둘 소개했습니다. 이 책은 그렇게 모인 25편의 글을 다시 정리한 것입니다.

책을 내기로 마음먹은 이유는 두 가지였습니다. 첫째는 조지아에도 가볼 만한 곳이 얼마든지 많다는 것을 알리고 싶었습니다. 애틀랜타 여행 안내서를 보면 으레 코카콜라나 수족관, CNN 같은 곳들만 등장합니다. 애틀랜타를 찾는 한인들의 방문기나 여행기도 그런 곳 일색이지요. 하지만 이 넓은 조지아 땅에 가 볼 만한 명소가 어떻게 그런 곳만 있겠습니까.

다른 하나는 더 많은 한인들을 걷기의 즐거움에 초대하고 싶어서였습니다. 제가 나서지 않아도 이미 많은 사람들이 걷기 대열에 동참하고 있습니다. 어떤 이는 비싼 돈 들여 바다 건너 유명하다는 길까지 찾아가 걷는다지요. 하지만 내가 사는 주변, 평소의 일상 속에서도 쉽게 찾아가 걸을 수 있는 곳들이 얼마든지 있습니다. 함께 걸어도 좋고, 혼자 걸으면 더 좋은 예쁜 길들이 애틀랜타 주변에도 널렸습니다. 숲길, 산길, 오솔길, 강변길, 둘레길 등 이 책에 소개한 곳들이 다 그런 곳들입니다. 모쪼록 이 책이 애틀랜타 한인들, 그리고 조지아를 방문하는 사람들의 여가 생활에 조금이나마 도움이 된다면 그만한 보람이 없겠습니다.

부족한 글과 사진이 책으로 엮어진 데는 애틀랜타중앙일보 직원들의 힘이 컸습니다. 고마움을 전합니다. 책이 나올 수 있도록 도움 주신 광고주들께도 감사드립니다.

2022년 7월 4일

애틀랜타중앙일보 대표 이 종호

◆ 저자 약력

서울대 동양사학과, 연세대 언론홍보대학원
한국 중앙일보 편집부 기자
뉴욕 중앙일보 편집부장
LA 중앙일보 출판본부장, 논설실장, 편집국장
애틀랜타 중앙일보 대표

◆ 저서 및 편저

논설 에세이집 『그래도 한국이 좋아』 (2012)
명언 에세이집 『나를 일으켜 세운 한마디』 (2013)
역사 교양서 『세계인이 놀라는 한국사 7장면』 (2016)
캘리포니아 오렌지카운티 가이드 『OC 라이프』 (2017)
애틀랜타 부동산 가이드 『그곳에 살고 싶다』 (2021)

CONTENTS | 목차

조지아, 그곳이 걷고 싶다

1. 스톤마운틴	20
2. 케네소 마운틴(National Battlefield Park)	28
3. 요나마운틴	34
4. 아라비아 마운틴(National Heritage Area)	40
5. 라그란지 인근 캘러웨이 가든	48
6. 체로키카운티 깁스가든	54
7. 채터누가 인접 락시티 가든	60
8. 아미카롤라 폭포 주립공원	66
9. 레이크 래니어 돈 카터 주립공원	70
10. 프로비던스 캐년 주립공원	76
11. 애나루비 폭포 & 유니코이 주립공원	82
12. 스위트 워터 크리크 주립공원	88
13. 포트야고 주립공원	92
14. 블랙 락 마운틴 주립공원	98
15. 탈룰라 협곡 주립공원	106
16. 브래스타운 볼드(National Wilderness)	112
17. 사바나 & 타이비 아일랜드	120

CONTENTS | 목차

18. 컴벌랜드 아일랜드(National Seashore)   126

19. 채터후치 강변 코크란 쇼얼스 트레일(National Recreation Area)   134

20. 이스트 팰리세이즈 대나무 숲(National Recreation Area)   140

21. 라즈웰 비커리 크리크 파크 트레일   148

22. 대큘라 리틀 멀베리 파크(카운티공원)   154

23. 둘루스 맥 대니얼 팜 파크(카운티공원)   160

24. 애틀랜타 히스토리센터 & 스완하우스   164

25. 애틀랜타 벨트라인   172

미국 조지아 주립공원 48곳 한눈에 보기   181

바르게 걷기 ABC   188

애틀랜타 100배 즐기기 : 도심·근교 가볼만한 곳   191

〈일러두기〉
- 이 책 본문은 2022년 1월부터 6월까지 애틀랜타 중앙일보에 연재된 기사를 기본으로 가필, 수정한 것입니다.
- 부록 중 '애틀랜타 100배 즐기기'는 2017년 애틀랜타중앙일보 발행 '애틀랜타 가이드' 내용 중 일부를 발췌, 업데이트한 것입니다.
- 본문에 소개된 모든 사진은 저자가 직접 촬영한 것들입니다.
- 수록된 지도는 관련 웹사이트에서 일반에게 제공한 것을 내려 받았습니다.
- 애틀랜타중앙일보 웹사이트 (atlantajoongang.com)에서 '조지아, 그곳이 걷고 싶다' 검색을 통해서도 본문 내용을 볼 수 있습니다.

GO, GEORGIA!

2022 애틀랜타 하이킹 가이드

조지아,
그곳이 걷고 싶다

The
JoongAng
중앙일보

바위산 정상 장엄한 일몰은 '애틀랜타 제1경치'

1) 스톤마운틴
Stone Mountain

조지아 사니까 타주서 방문하는 지인들이 종종 있다. 그럴 때마다 제일 먼저 데려가는 곳이 스톤마운틴이다. 세어보니 2021년 한 해 동안 일곱 번을 갔다. 두 번은 혼자 둘레를 걸었고 다섯 번은 지인과 함께 갔다. 바위산 정상은 네 번 올랐다. 세 번은 걸어서, 한 번은 케이블카를 탔다. 자주 갔지만, 조금도 지겹다거나 싫증 나지 않았다. 오히려 갈 때마다 몰랐던 매력을 발견한 곳이 스톤마운틴이었다.

2021년 여름 캘리포니아서 은퇴 후 캠핑카(RV)로 전국을 유람하던 선배 부부가 와서 스톤마운틴 둘레길을 함께 걸었다. 선배가 말했다.

"자넨 복 받았어. 이렇게 좋은 곳에 매일 올 수 있다니."

"저도 좋지만 애틀랜타 사람들이 다 복 받은 거죠."

"내가 미국 도시 웬만한 곳은 다 다녀봤잖아. 이런 데 없어. 실컷 즐기라고"

부러움 섞인 칭찬이었다. 듣는 나로서는 우쭐해지는 기쁨이었다.

스톤마운틴은 이름 그대로 돌산이다. 단일 암석으로는 세계에서 가장 큰 화강암이라고 한다. 정상 높이는 해발 1686피트(513m). 실제 걸어올라가는 높이(elevation gain)는 700피트(210m)로 서울의 남산보다 조금 낮다. 정상에 이르는 길은 그다지 어렵지 않다.

사우스우드 게이트 쪽 주차장에서 출발하면 직선 편도 1마일이다. 씩씩하게 걸으면 30분, 느릿느릿 가도 40~50분이면 올라갈 수 있다. 그렇다고 만만히 볼 것은 아니다. 해발 높이가 애틀랜타 일대에선 1808피트의 케네소마운틴 다음으로 높다. 난이도로 치면 케네소마운틴보다 오히려 가파르다. 특히 마지막 10분은 거의 깔딱 고개 암벽타기 수준이다. 그 고비를 넘기고 정상에 이르는 순간 감동은 몇 배로 치솟는다. 아~ 저절로 탄성이 나온다. 사방팔방 시야에 걸리는 게 없다. 모든 게 발아래이고 내려다보이는 것은 온통 숲이다. 애틀랜타가 미국의 허파라더니 정말 빈말이 아니라는 것을 실감한다. 아마존 열대우림을 하늘에서 내려다보면 이런 풍경이 아닐까 싶다.

매년 1월 1일 새벽이면 부지런한 한인들은 이곳에 올라 새해 첫해를 맞는다고 들었다. 조지아 생활 2년 차인 나는 아직 해맞이 감격은 누리지 못했다. 대신 해넘이

는 보았다. 타주에서 출장 온 후배와 늦은 등산을 했을 때였다. 마침 서쪽 하늘 멀리 애틀랜타 다운타운 스카이라인 너머로 해가 지고 있었다.

하늘은 온통 황금빛이었고 1초 1초 단위로 떨어지는 태양은 눈물겹도록 황홀했다. 그 장엄하고 숙연한 광경 앞에 모두가 숨을 죽였다. 우리 옛 선조들, 산천경개 빼어난 곳이면 어디든 무슨 무슨 팔경(八景)이라 이름 붙여 노래하고 칭송했다. 누가 나에게 애틀랜타 팔경을 꼽으라 한다면 단연 이곳 '스톤마운틴 일몰'을 제 1경(第一景)으로 꼽을 것 같다.

스톤마운틴 하면 거대한 바위만 떠올리는 사람이 많다. 하지만 진짜 매력은 둘레길에 있다. 우뚝 솟은 바위산을 가운데 두고 숲속을 삥 둘러가며 트레일이 뻗어 있다. 걷기의 기본은 체로키 트레일, 5.5마일 코스다. 주변 갈래 길을 다 합쳐 산 둘레를 한바퀴 돌면 7마일이다. 2시간 반 정도면 걸을 수 있다. 그중 거의 3분의 1은 호수를 끼고 돈다. 호수에 비친 스톤마운틴은 한 폭의 그림이다. 정겨운 물레방아나 호수 안의

섬으로 연결되는 목조 지붕 다리도 놓치지 말아야 할 사진 촬영 포인트다.

스톤마운틴은 세계 최대 화강암 타이틀 외에 또 하나의 세계 1등이 있다. 북쪽 암벽 중간쯤에 새겨진 거대한 승마 인물 부조상이 그것이다. 남북전쟁 당시 남부연합 대통령이었던 제퍼슨 데이비스, 총사령관 로버트 리 장군, 그리고 남부군 전설의 명장 스톤월 잭슨 장군 세 사람이 말을 타고 가는 모습이다.

이 부조상이 스톤마운틴에 새겨진 이유가 있다. 원래 이곳은 KKK 등 백인 우월주의자들의 본거지였다. 그들은 남부연합의 패배를 받아들이기 힘들었다. 어떤 식으로든 흔적을 남기고 싶어 했다. 버지니아, 캐롤라이나, 조지아 등 남부연합에 가담했던 주 곳곳에 남부연합 지도자들의 동상이 세워지고 기념공원이 세워진 이유다. 스톤마운틴 부조상도 그렇게 기획됐다.

1914년부터 모금이 시작됐고 이듬해부터 바로 작업이 개시됐다. 순조롭지는 않았다. 58년이나 흐른 뒤인 1972년에야 최종 완성을 보았다. 그로부터 또 50년이

지났다. 세상은 더 달라졌다. 지금 스톤마운틴 부조상은 끊임없는 철거 시비에 부딪히고 있다. 주인공들이 흑인 노예제도를 지지한 인종차별주의자들이었다는 것이 이유다. 리치먼드에 100년 이상 서 있던 스톤월 잭슨 장군 동상은 이미 2020년 여름에 철거됐다. 조지 플로이드 사망 사건 여파로 반인종차별 운동이 들불처럼 확산하면서다. 남부 주요 도시마다 세워져 있던 로버트 리 장군, 데이비스 대통령의 동상이나 기념물 역시 같은 이유로 철거되거나 박물관으로 옮겨지고 있다. 스톤마운틴 부조상은 아직은 보존 쪽에 무게가 실려 있다. 하지만 못 믿을 게 사람 마음이다. 지금 옳다고 믿는 것들이 내일 어떻게 될지 모른다. 오늘 틀렸다며 손가락질하는 것도 계속 그러리라는 보장이 없다. 무서운 게 민심이고 무상한 게 세월이다.

여담이지만 남북전쟁 초기인 1861년 7월 남부 수도 버지니아주 리치먼드는 북군에게 함락 직전이었다. 그때 등장한 인물이 토머스 조너선 잭슨(1824~1863)이다. 그

는 파죽지세로 진군해 온 북군을 격퇴해 리치먼드를 지켜냈다. 잭슨 장군이 버티고 있는 한 북군의 승리는 없었다. 넘을 수 없는 요새 같은 바위벽, 스톤월(Stonewall) 이라는 별명은 그래서 붙여졌다.

그는 1863년 39세로 요절했다. 같은 남군의 오인 사격에 왼팔을 잃고 얻은 합병증 때문이었다. 총사령관 로버트 리 장군은 그의 사망 소식에 "잭슨은 왼팔을 잃었지 만 나는 오른팔을 잃었다"며 탄식했다는 얘기가 전한다.

주소 | 1000 Robert E. Lee Blvd, Stone Mountain, GA 30083

스톤마운틴은 둘루스 한인타운에서 차로 30분 정도 거리에 있다. 공원 하루 입장료는 차량 1대 당 20달러. 1년 내내 무제한 드나들 수 있는 1년 입장권은 40달러다. 정상을 오르내리는 케이블 카도 있다. 1인당 왕복 19달러. 캠핑, 낚시, 바비큐 가능하고 골프코스도 2개가 있다. 주말 순환 열차도 인기다.

애틀랜타 인근 최고봉…남북전쟁 격전지로 유명

2) 케네소마운틴
Kennesaw Mountain

꽤나 추웠다. 2월 첫 주말 얘기다. 아침 7시 30분, 신발 끈을 동여매고 문을 나섰다. 차 시동을 걸고 보니 계기판의 바깥 온도가 화씨 26도다. 섭씨로 영하 3도. 조지아 생활 1년여 만에 접하는 가장 낮은 기온이다. 미디어에서도 4년 만의 맹추위라고 호들갑이었다. 애틀랜타가 겨울에도 살기 좋은 따뜻한 곳이라는 말이기도 했다.

"이 정도 추위쯤이야, 걷긴 더 좋지 뭐" 하면서 차를 출발시켰다. 목적지는 케네소 마운틴(Kennesaw Mountain). 애틀랜타 북쪽 캅(Cobb) 카운티, 마리에타 인근에 있는 산이다. 애틀랜타중앙일보가 있는 둘루스에선 차로 약 40분 거리다.

케네소(Kennesaw)라는 이름이 특이했다. 아니나 다를까 역시 체로키 인디언 단어에서 왔단다. 묘지, 매장지라는 뜻의 '가니사(Gah-nee-sah)'. 일종의 인디언 성지였다. 위키피디아 사전엔 이렇게 나와 있다. "The name Kennesaw is derived from the Cherokee Indian 'Gah-nee-sah' meaning cemetery or burial ground."

I-285에서 I-75번 고속도로로 바꿔 타고 북쪽으로 조금 올라가다 보니 왼편으로 야트막한 봉우리 2개가 보인다. 높은 봉우리가 주봉인 케네소마운틴이고 조금 낮은 곳은 리틀 케네소마운틴이다. 이 산이 보통 산이 아니다. 해발 높이 1808피트(551m). 애틀랜타 반경 20~30마일 안에서는 가장 높다. 애틀랜타 최고 명소라는 스톤마운

틴은 해발 1686피트(513m), 여기보다 낮다. 산정에 올라서면 넓디넓은 평지 애틀랜타 일대가 사방팔방 다 발아래다. 우쭐하면서도 평안한 느낌이 저절로 든다. 원주민들이라고 다르지 않았을 터. '가니사', 먼저 보낸 사람들의 안식처로 이곳만 한 곳이 또 어디 있었을까 싶다.

케네소가 유명해진 것은 남북전쟁 최대격전지 중의 하나였기 때문이다. 1864년 6월 27일, 남군과 북군의 사활을 건 전투가 이곳에서 벌어졌다. 애틀랜타를 향해 진군하던 북군과 케네소산 자락에 방어선을 친 남군. 북군 지휘관은 윌리엄 테쿰세 셔먼 장군. 애틀랜타를 함락하고 사바나까지 진격해 조지아를 초토화한 사람이다. 셔먼에 맞선 남군 사령관은 조셉 존스턴 장군이었다. 북군은 케네소산을 에워쌌고 남군은 산정에서 북군을 맞았다.

사생결단의 '혈투'. 피해는 북군이 훨씬 컸다. 사망 1800명을 포함해 3000여명의 사상자를 냈다. 남군도 전사자 800명을 합쳐 1000여명이 죽거나 다쳤다. 수치상으로만 보면 남군의 승리인 듯 보였다. 그렇지만 북군의 남진을 저지하지는 못했다. 케네소 전투 두 달여 뒤인 9월 2일 애틀랜타는 결국 함락됐다.

Fort McBride

Shielded by earthworks, Confederates in this battery atop Little Kennesaw dueled with Union artillery for about two weeks. Confederates named this fortification for Lieutenant Edward D. McBride, who was killed by shrapnel from an exploding Federal shell in a skirmish June 23, 1864. He died immediately from his head wound and was given last rites by a Catholic priest. McBride had been in charge of two cannon in Henry Guibor's Missouri Battery. The same shell wounded three other Missourians. Private Caldwell Dunlap was wounded in the left arm, which was subsequently amputated in Marietta. Sergeant William Robinson lost a leg, and Private Robert Welch suffered a foot wound.

당시 처절했던 전투 상황은 산정 곳곳에 남아있는 녹슨 대포들이 잘 웅변해 주고 있다. 방문자센터에서 멀지 않은 곳엔 남북전쟁 참전 조지아 군인 위령탑도 있다. 남북전쟁 100년을 맞아 1963년 완공된 탑에는 이런 묘비명이 새겨져 있다. "We sleep here in obedience to law : when duty called, we came, when country called, we died. (의무가 불러서 왔고, 나라가 불러 목숨을 바친, 법에 순종한 우리들 이곳에 잠들다)." 북군 주도의 세상이 되면서 참전 명분마저 퇴색해버린 남부 군인들에게 조심스럽게 바쳐진 헌사가 애잔하고 뭉클하다.

케네소마운틴에도 걸을 수 있는 트레일이 여러 개 있다. 가장 긴 길은 방문자센터에서 케네소산 꼭대기까지 올라갔다가 리틀 케네소마운틴을 지나 피전 힐(Pigeon Hill)을 거쳐 산 전체를 한 바퀴 돌아오는 루프(loop)다. 약 11마일, 날 잡아 서너 시간쯤 걷기에 좋다.

가벼운 등산을 원한다면 케네소마운틴 정상까지만 다녀오면 된다. 왕복 2마일 정도. 왕복 한 시간이면 충분하다. 엘리베이션게인(elevation gain), 즉 걸어 올라가는 실제 높이는 531피트(162m)밖에 안 된다. 그렇지만 초반부터 경사가 꽤 가파르기 때문에 숨이 차고, 땀이 맺히는 등 제법 산 타는 맛을 느낄 수 있다. 올라가면서 사방팔방 펼쳐지는 파노라마 조망은 절대 놓치지 말 것. 정상에 서면 멀리 애틀랜타 다운타운 스카이라인도 보이고 유명한 스톤마운틴도 아스라이 시야에 들어온다.

내친김에 리틀 케네소마운틴까지 가 보는 것도 좋다. 그래 봤자 왕복 2시간이다. 등산로도 올라갔다 내려갔다 반복하고 있어 단조롭지 않다. 운이 좋으면 숲속을 배회하는 사슴과 눈 맞추는 행운도 있다. 등산로는 잘 관리되어 있지만 돌과 바위가 많아 울퉁불퉁한 곳이 많다. 굵은 나무뿌리도 곳곳에 삐져나와 있다. 좋은 등산화가 있다면 아끼지 말고 이럴 때 신어야 한다. 걷는데 가장 중요한 것은 신발이다. 장시간 걸을 때 발과 무릎에 가해지는 충격을 줄여주고 미끄러짐과 피로감을 덜어주는 데는 신발의 역할이 크기 때문이다.

주소 | 방문자 센터 900 Kennesaw Mountain Dr, Kennesaw, GA 30152

케네소마운틴 일대는 1935년부터 연방공원국이 관리하는 국립 전장 공원(Kennesaw Mountain National Battlefield Park)으로 지정됐다. 주차비는 5달러. 국립공원 1년 패스(America the Beautiful)도 통용된다. 방문자센터엔 각종 기념품을 판다. 한쪽 공간엔 남북전쟁 자료들을 모아놓은 소담한 기념관도 있다.

인디언 청춘 남녀 슬픈 전설 깃든 바위 절벽

3) 요나마운틴
Yonah Mountain

애틀랜타 한인들 많이 사는 동네 가까운 곳엔 높은 산이 별로 없다. 스톤마운틴이나 케네소마운틴이 그나마 조금 높지만 어디든 30분이면 정상에 닿는다. 산 오르기 좋아하는 사람은 뭔가 아쉬움이 남는다. 그럴 때 한 번 가봄직 한 산이 요나마운틴이다.

요나마운틴은 조지아 북부 소도시 클리블랜드와 헬렌 사이에 있다. 등산로 입구까지는 둘루스 H마트서 65마일(104km), 1시간 20분 정도 거리다. 해발 고도는 3166피트(965m). 주차장에서 정상까지 편도 2.3마일, 1시간 30분 정도 땀흘려 올라야 한다. 등반 고도(Elevation gain)는 1518피트(462m)다.

처음엔 '요나'라 해서 구약성서에 나오는 사람 이름인 줄 알았다. 물고기 뱃속에 들어갔다가 살아 나온 그 사람 이름이 왜 여기 조지아에 있나 했다. 하지만 요나마운틴의 요나(Yonah)는 '곰'을 뜻하는 체로키 인디언 단어였다. 옛날 이곳에 곰이 많이 살아서, 혹은 멀리서 이 산을 보면 웅크린 곰 모습 같아서 그런 이름이 붙은 것 같다. 성경 속 인물 선지자 '요나'는 영어로 'Jonah'라고 쓰고 '조나'라고 발음한다.

조지아에서 등산 좀 한다는 사람치고 요나마운틴을 모르는 이는 드물다. 산 오르는 맛도 있고, 정상에서의 전망 또한 일품이어서다. 산세가 좋다보니 한인 산악인들은 이곳에서 시산제를 올리기도 한다. 시산제란 무사 산행을 기원하며 매년 1~2월 산신에게 드리는 제사로 한국 산악회의 오랜 전통이다. 보통 돼지머리와 북어, 시루떡, 과일을 준비해 초를 켜고 향을 피우며 진행한다. 술은 꼭 막걸리라야 한다. 제문도 낭독하는데 전에는 유교식 한문이 많았지만, 요즘은 알아듣기 쉬운 한글이 대세다. 이런 것 다 무시하고 자기 방식대로 안전 산행을 기원한다 해도 뭐라 할 사람은 없다. 어차피 산행 즐기는 사람이라면 자유 영혼 갈구하는 사람일 터인데 형

식이 뭐 그리 대수겠는가.

한인들은 보통 요나마운틴이라 부르지만 정식 이름은 마운트 요나(Mt. Yonah)다. 하이킹 안내 전문 사이트 올트레일스닷컴(AllTrails.com)에도 'Mt. Yonah Trail-head'라고 검색해야 바로 찾아갈 수 있다고 나온다.

햇볕 좋았던 4월 첫 주말 요나마운틴을 올랐다. 2021년 2월 이후 1년여 만이었다. 그때 처음 갔을 때는 날도 춥고 길도 얼어 고생을 좀 했었다. 안개가 걷히지 않아 그 좋다는 전망도 보지 못하고 내려와야 했다. 이번에는 달랐다. 주차장에 차를 대고 오후 1시부터 걸었는데 등산로 초입부터 공기가 달랐다. 연둣빛 봄 향기가 고운 입자처럼 숲속 가득 날아다니는 것 같았다. 부드러워진 땅에선 쌓인 낙엽을 뚫고 초록 풀들이 돋아나고 있었고, 한창 새순을 틔우고 있는 나뭇가지엔 마구 물오르는 소리가 들리는 듯했다. 여기저기서 먼저 꽃봉오리를 터뜨린 노랑, 보라 야생화가 눈부셨다.

등산로는 가팔랐다. 울퉁불퉁 돌길에 발은 자꾸 걸렸고, 두 손 짚고 넘어야 할 만큼 험한 바위도 수시로 길을 막았다. 단단한 등산화를 신고 온 게 참 잘했다 싶었다. 이마의 땀을 훔치며 삼사십 분쯤 오르자 넓은 풀밭이 나타났다. 텐트 치고 한가롭게 소일하는 사람들이 정겨웠다. 나무 사이 해먹에서 재장궂게 놀던 꼬마의 눈인사를 뒤로하고 계속 발길을 재촉했다.

20분쯤 더 올라가니 다시 넓은 공터가 나타났다. 차 한 대는 너끈히 지날 수 있을 만큼 넓은 소방도로가 닦여 있었다. 공중 화장실이 있고 이곳이 군사 훈련장임을 암시하는 팻말이 보였다. 요나마운틴은 미 육군 소속 산악경비대가 실전 훈련을 하는 곳이라는 정보를 어디선가 읽은 기억이 났다.

이제 10분만 더 올라가면 정상이다. 길은 두 갈래다. 왼쪽은 넓고 편한 소방도로, 오른쪽은 좁고 가파른 등산로다. 지난 해엔 왼쪽이었으니 이번엔 오른쪽 길을 택했다. 얼마 안 가 산 아래 전망이 드러나기 시작했다. 나도 모르게 '우와~' 탄성이 나왔다. 낭떠러지 옆으로 아슬아슬하게 이어진 등산로를 조심조심 걸었다. 제일 전망이 좋아 보이는 곳, 너럭바위 위에서 사람들이 사진을 찍고 있었다. 사진 찍으려다 가끔 추락사고가 난다는 기사가 떠올랐다. 보기만 해도 오금이 저렸다. 나는 바위 끝까진 못 가고 중간 쯤에 겨우 섰다. 그래도 산 아래가 다 보였다. 크게 심호흡을 하면서 두 팔을 펼쳐 들어 보았다. 속이 뻥 뚫렸다. 아득히 산 아래 차 세워둔 주차장이, 그 너머 마을과 호수가, 더 멀리 고만고만한 산과 집들이 파노라마처럼 펼쳐졌다.

정상은 여기서 몇 걸음만 더 올라가면 나온다. 유명한 산 정상치고는 뜻밖에 밋밋하고 싱겁다. 축구장 반 정도 넓이의 평평한 풀밭이 전부다. 모닥불을 피웠는지 풀밭 가운데 타다 남은 장작 몇 개가 흩어져 있었다.

요나마운틴 절벽은 생생한 '전설의 고향'이다. 옛날 이곳엔 체로키 부족과 치카사 부족이 다투며 살고 있었다. 싸움 그칠 날이 없었다. 그러던 중 소티(Sautee)라는 치카사 부족 전사와 나쿠치(Nacoochee)라는 체로키 부족 추장 딸이 사랑에 빠졌다. 둘은 자신들의 사랑으로 두 부족이 평화롭게 화해하기를 염원했다. 어른들은 용납하지 않았다. 체로키 추장은 딸의 연인 소티를 붙잡아 요나마운틴 절벽 아래로 던져버렸다. 이를 지켜본 딸 나쿠치도 절벽으로 달려가 몸을 던졌다. 이루지 못한 사랑의 종말이었다. 체로키 추장은 뒤늦게 후회하고 탄식했다. 영혼이라도 함께할 수 있도록 두 사람의 시신을 수습해 함께 묻어주었다. 지금 헬렌 들어가는 초입에 있는 '소티 나쿠치 인디언 마운드(Sautee Nacoochee Indian Mound)'가 바로 그들의 무덤이다.

애틋한 전설은 여기까지다. 그 다음 이야기는 조금 맥이 빠진다. 고고학자들의 무덤 발굴로 마지막 부분이 불투명해졌기 때문이다. 일찍이 스미스소니언 연구소의 발굴 조사 결과 두 연인의 무덤이라던 인디언 마운드는 14~17세기 원주민들의 전통 매장지였음이 밝혀졌다. 조지아대학 연구팀 역시 2004년 발굴을 통해 인디언 마운드에서 170여구의 유골을 수습하면서 이곳이 두 사람의 합장묘가 아닌 체로키 부족의 공동묘지였다고 발표했다.

전설의 시대는 끝났다. 과학 만능, 진실 만능의 시대다. 그렇다고 우리 삶이 더 풍성해졌을까. 아닌 것 같다. 전쟁과 싸움은 여전하고 미움, 다툼, 시기, 질투하는 마음도 더 늘어만 간다. 아무리 달에 사람이 오가는 시대가 되었어도 여전히 달나라에선 계수나무가 자라고, 토끼가 방아를 찧고 있다는 얘기를 믿고 싶을 때가 있다. 요나마운틴 전설도 그렇다. 그들의 무덤이 사실이거나 말거나, 그들의 애틋한 얘기는 조지아 사람들의 소중한 '스토리'로 남았으면 좋겠다.

주소 | 1987 Gibbs Drive, Ball Ground, GA 30107

주차장서 요나마운틴 정상까지는 왕복 4.5마일, 2시간 반에서 3시간 정도면 다녀올 수 있다. 챔버스 로드(Chambers Rd.)에서 주차장까지 드나드는 길은 심히 울퉁불퉁한 비포장도로다. 주차장은 50~60대 정도 주차 공간이 있다. 입장료는 없다. 전설 속 주인공 무덤으로 알려진 인디언 마운드(아래 사진)는 주차장에서 헬렌 쪽으로 10분쯤 거리, 17번 도로와 75번 도로가 만나는 코너에 있다.

4억년 침묵에 귀 기울이다 스스로 바위가 되는 곳

4) 아라비아 마운틴
Arabia Mountain

새소리 요란한 숲을 지났다. 물 향기 그윽한 호수도 돌았다. 그리고 마침내 4억년을 버텨온 바위를 밟았다. 잠실운동장보다 너른 바위 위를 걸었다. 휘이휘이 걸었다. 디캡카운티, 아라비아 마운틴이다.

한낮의 5월 햇살은 생각보다 뜨거웠다. 1시간 남짓 걸었는데도 드러난 목과 팔 맨살은 따끔거렸고 이마엔 소금 땀이 흘렀다. 열사의 땅까지는 아니어도 '아라비아'라는 이름값은 그런대로 한다는 생각이 들었다.

의아했다. 조지아, 애틀랜타 근교에 뜬금없이 아라비아산이라니. 어떻게 이곳에 이런 이름이 붙었는지 정확한 연원은 도무지 알 길이 없다. 개척시대 초기 정착민들이, 혹은 한때 이곳에서 돌을 캐내던 채석장 인부들이 그렇게 불렀을 거라는 추측만 할 뿐이다. 척박한 풍경과 화씨 130도(섭씨 54도)까지 올라가는 한여름 열기가 아라비아 사막을 연상시켰으리라는 짐작만 할 뿐이다. 이럴 땐 청마 유치환(1908~1967)의 시 한 편이 제격이다.

"나의 지식이 독한 회의(懷疑)를 구(救)하지 못하고

내 또한 삶의 애증을 다 짐 지지 못하여

병든 나무처럼 생명이 부대낄 때

저 머나먼 아라비아의 사막으로 나는 가자

거기는 한 번 뜬 백일(白日)이 불사신같이 작열하고

일체가 모래 속에 사멸한 영겁(永劫)의 허적(虛寂)에

오직 알라의 신(神)만이

밤마다 고민하고 방황하는 열사(熱沙)의 끝

그 열렬한 고독 가운데

옷자락을 나부끼고 호올로 서면

운명처럼 반드시 '나'와 대면(對面)케 될지니

하여 '나'란 나의 생명이란

그 원시의 본연한 자태를 다시 배우지 못하거든

차라리 나는 어느 사구(砂丘)에 회한(悔恨) 없는 백골을 쪼이리라"

– 유치환 '생명의 서' 전문

시인은 대단하다. 보통 사람은 보지 못하는 것, 듣지 못하는 소리, 표현하지 못하는 생각과 감정을 이렇게 풀어낸다. 원시 본연의 자태를 갈구하며, 회한 없는 백골이 될 때까지 '나'를 찾아 나서겠다는 시인의 결연한 의지에는 한참 못 미치지만, 그 마음 백 분의 일이나마 닮아보려 사막 아닌 같은 이름의 산을 걸었다.

아라비아 마운틴은 디캡카운티 남쪽 스톤크레스트(Stonecrest)라는 작은 도시에 있다. 애틀랜타 도심에선 15분이면 닿고 둘루스 한인타운에선 스톤마운틴보다 좀 더 멀어 40~50분쯤 걸린다.

이름은 산이지만 막상 가 보면 산이라기보다 야트막한 구릉이다. 가장 높은 지점이라 해 봐야 해발 955피트(291m)에 불과하다. 이런 지형을 지질학 용어로 머나드낙(monadnock)이라 한단다. 한자로 번역하면 잔구(殘丘)다. 남을 잔(殘), 언덕 구(丘), 글자 그대로 아직 침식되지 않고 도드라지게 남아 구릉이 된 곳이다. 스톤마운틴처럼 산 전체가 하나의 화강암 덩어리인데 4억 년 전에 형성되었다고 한다. 스톤마운틴은 주변 침식이 심해 바위가 불쑥 더 높이 솟아 보인다는 것이고 아라비아 마운틴은 주변 침식이 진행 중이라 암반 부분이 조금만 드러났다는 게 차이다.

인접 도시 리소니아(Lithonia)는 지금도 별명이 '화강암 도시(City of Granite)'다. 이 일대가 한때 채석장으로 유명했기 때문이다. 1880년대부터 100년 가까이 돌을 캐냈다. 채석장 흔적은 지금도 곳곳에 남아 있다. 이곳에서 나온 화강암은 애틀랜타를 비롯한 동남부 여러 도시의 보도블록으로 쓰였고 재질이 좋아 고급 건축자재로도 많이 이용됐다고 한다.

서두에 아라비아 사막까지 들먹이긴 했지만 막상 걸어보면 사막이니 열사의 땅이니 하는 것과는 솔직히 거리가 좀 있다. 이곳 역시 나무 많고 숲 깊은 조지아의 여느 하이킹 트레일과 별반 다르지는 않아서이다. 굳이 특별한 것을 찾자면 축구장

몇 배는 되어 보이는 거대한 암석 위를 걸어 본다는 것이랄까. 그럼에도 아라비아 마운틴이 주목받는 이유는 이곳이 국립유산지역(National Heritage Area)이기 때문이다. 4억년이나 된 특이한 지형, 개척시대 초기 정착민들의 자취, 100년이나 지속된 채석장 흔적 등이 보존해야 할 유산으로 인정받은 것이다.

국립유산지역이란 보존 가치가 있는 자연과 문화 유적, 역사적 의미를 간직한 장소 등을 연방 차원에서 지정, 보호하는 곳을 말한다. 국립공원과 다른 점은 연방정부가 소유하거나 강제하지 않고 개발 및 보존, 관광, 교육 프로젝트를 모두 로컬 정부나 지역 사회와 협의해 결정한다는 점이다.

현재 미국 전역에는 55개의 국립유산지역이 있다. 조지아에는 아라비아 마운틴 외에 2개가 더 있다. 어거스타에 있는 '어거스타 수로(Augusta Canal)'와 사바나 주변의 '굴라 지치 문화유산 회랑(Gullah Geechee Cultural Heritage Corridor)'이 그것이다. 어거스타 수로는 사바나강과 이어져 1800년대의 목화 등의 이동 통로로 이용됐다. '굴라 지치'는 미국 남동부 해안을 따라 발달한 특유의 흑인 노예문화를 지칭하는 말이다. 굴라 지치 회랑은 사바나를 중심으로 남쪽 플로리다 잭슨빌에서 위로 사우스캐롤라이나를 거쳐 노스캐롤라이나 윌밍턴까지 이어진다. 서아프리카에서 붙잡혀 온 흑인 노예들의 후예들을 굴라 지치 사람이라 부른다. 연방 정부가 이들이 지켜온 고유 언어와 풍습, 음식, 조각, 퀼트, 민화 등을 보존하기 위해 국립유산지역으로 지정한 것이다.

아라비아 마운틴의 중심은 데이빗슨-아라비아 마운틴 자연보호구역(David-son-Arabia Mountain Nature Preserve)이다. 디캡카운티 관할인 이곳은 2200에이커 크기의 카운티 공원이다. 호수가 2개 있고 습지, 숲, 개울 등도 고루 갖추고 있다.

걷기 좋은 트레일도 많다. 국립유산지역 구석구석을 연결하는 아라비아 마운틴 패스(Arabia Mountain PATH)는 30마일이나 된다. 자전거 타기도 좋아 한인 자전거 동호인들도 많이 이용한다.

일반 하이킹은 대개 공원 북쪽 네이처센터에서 시작한다. 센터 건물 뒤 패스 트레일을 따라 남쪽으로 조금 걷다 보면 삼거리가 나오는데 아라비아 마운틴으로 가려면 왼쪽 클론다이크 로드(Klondike Road) 찻길을 건너야 한다. 오른쪽은 아라비아 호수가 있는 마일 록 트레일(Mile Rock Trail)로 이어진다.

찻길 건너 0.5마일 보드워크를 따라가면 '와일드라이프 센터'가 나오는데 이곳이 아라비아 마운틴 등산 출발점이다. 정상까지 바로 올라가는 마운틴 톱 트레일(Mountaintop Trail : 0.5마일)도 있지만 숲으로 꺾어 들어 호수를 끼고 돌아가는 마운틴 뷰 트레일(Mountain View Trail : 1.8마일)이 더 인기다. 경치도 빼어나고 나무와 숲, 호수와 풀밭을 번갈아 지나기 때문에 단조롭지 않아서 좋다.

바위 지대에 이르면 따로 길이 없다. 아무 데나 밟고 올라가면 그게 곧 길이다. 그다지 가파르지 않아 빤히 보이는 정상까지는 단숨에 올라갈 수 있다. 바위는 드러난 부분만 축구장 서너 개는 될 만큼 넓고 크다. 걷다 보면 중간중간 물웅덩이도 만나고 야생화도 볼 수 있다. 바위 틈새로 힘겹게 뿌리 내리고 피워낸 꽃들이라 하나하나가 대단하고 대견하다. 제대로 감상하자면 잔뜩 허리 굽히고 눈높이 낮추는 수고는 아끼지 말아야 한다.

바위 마루에 올라서면 적당한 곳에 앉아 숨 고르며 올라온 곳을 내려다보는 것도 좋다. 끝없이 펼쳐진 신록의 숲이 넘실대는 초록 바다처럼 장관이다. 앉은 김에 허리를 곧추세우고 가슴 펴고 잠시 눈을 감아 보면 더 좋다. 수억 년 세월을 침묵으로 버텨온 바위는 거대한 와불(臥佛)인 양 여전히 말이 없다. 그 무언의 소리에 귀 기울이다 보면 어느새 자신이 바위가 되는 기분을 느낄 수도 있다.

"아예 애련(愛憐)에 물들지 않고
희로(喜怒)에 움직이지 않고
비와 바람에 깎이는 대로…
꿈꾸어도 노래하지 않고
두 쪽으로 깨뜨려져도 소리하지 않는…"

청마 유치환이 갈구했던 그런 '바위' 말이다.

주소 | 등산로 입구 네이처센터 3787 Klondike Rd, Stonecrest, GA 30038

아라비아 마운틴을 가려면 I-20 고속도로 동쪽 방면 74번 출구에서 내리면 된다. 인접한 파놀라 마운틴 주립공원도 아라비아 마운틴 국립유산지역에 함께 속한다.

"정원 아닙니다, 볼 것 많은 종합 휴양지입니다"

5) 캘러웨이 가든
Callaway Gardens

미국엔 곳곳에 유명한 '가든'이 많다. 조지아만 해도 깁스가든이 있고 오늘 얘기할 캘러웨이 가든도 있다. 그냥 정원이라는 말로 옮기기엔 '급'이 다르다. 모두 아름다운 꽃과 조경, 특이한 주제의 건물과 시설로 사람을 불러 모으는 명소들이다.

가든의 번역어인 정원(庭園)이란 한자어는 19세기 일본에서 탄생했다. 서양과의 교류가 늘면서 동양엔 없고 서양에만 있던 개념어를 옮기면서 새로 만든 것이다. 문화, 국민, 과학, 자연 같은 단어도 다 그렇게 만들어졌다.

나는 아직도 '가든=정원'이라는 등식이 잘 적응이 안 된다. 좋다고 해서 가본 곳은 모두 상상 그 이상이어서다. 여간한 식물원보다 크고, 웬만한 수목원보다 잘 가꾼 곳인데 가든이라니. 더구나 한국 사람에겐 가든이라 하면 '수원가든, 삼원가든'처럼 대도시 근교의 대형 고깃집 이미지까지 있어 더 그렇다.

영어로 가든(Garden)은 집이나 성, 궁전 안에 인위적으로 가꾼 꽃밭이나 뜰을 말한다. 규모가 크면 돌과 연못과 나무도 배치하고 주인의 기호에 맞춰 그늘막이나 분수도 만들어 넣었다. 그렇게 꾸며놓고 계절 따라 달리 피는 꽃과 식물을 감상하며 한가롭게 소일하는 공간, 그게 가든이다. 요즘은 야외 파티나 결혼식, 음악회, 모임 같은 행사장으로도 활용된다.

캘러웨이 가든은 이런 상상을 완전히 뛰어넘는다. 정원이라기보다 종합 휴양지다. 정식 이름도 리조트&가든이다. 조지아 제2의 도시 콜럼버스 동북쪽, 파인마운틴 서쪽 기슭에 자리 잡고 있는 이곳은 조지아, 앨라배마 일대에선 가장 볼 것 많고 즐길 것 많은 위락지로 꼽힌다. 애틀랜타 공항에선 차로 1시간 남짓 거리, 둘루스 한인타운에선 두 시간이면 넉넉하다.

캘러웨이는 조지아 남부도시 라그란지의 오랜 유지였던 캘러웨이 가문 이름이다. 캘러웨이 가든은 케이슨 캘러웨이와 그의 아내 버지니아 핸드 캘러웨이가 함께 조성한 공동 작품이다. 세계적인 골프용품 메이커 '캘러웨이' 설립자와는 사촌 간이다.

1952년에 문을 연 이곳은 전체 면적이 2500에이커나 된다. 여의도의 3배가 넘는다. 크고 작은 호수도 10여개나 있다. 자전거길은 물론 산길, 숲길 등 하이킹 트레

일도 구석구석 뻗어 있다. 호수에선 낚시와 보트를 즐길 수 있고 넓은 백사장이 있어 물놀이도 가능하다. 골프장도, 승마장도 있다. 물론 숙박시설, 식당도 두루 갖춰져 있다. 하루 일정으로는 도저히 감당이 안 되는 규모다.

바쁜 사람들은 하루 나들이로도 얼마든지 걷고 보고 즐길 수 있다. 다만 무턱대고 갔다간 한귀퉁이만 보고 올 가능성이 많기 때문에 미리 공부가 좀 필요하다. 여러 방문자의 후기, 가든 측의 안내 설명서에 내 경험을 더해 꼭 보고 와야 할 곳들을 소개한다.

1. 디스커버리 센터(Discovery Center)

가든 투어의 출발점으로 캘러웨이 가든에 대한 모든 정보를 접할 수 있다. 다양한 영상물이 상영되고 있고, 야생동물 박제와 식물 표본, 동남부 지역 생태계 교육 자료 등이 아주 훌륭하게 전시돼 있다. 센터 앞은 멋진 호수(Mountain Creek Lake)가 펼쳐져 있어 경관도 빼어나다. 호수를 따라 5분 쯤 걸어가면 맹금류 쇼 관람장이 있다. 주말엔 보통 오전 11시, 오후 1시와 3시에 쇼가 시작된다. 사육 중인 매나 올빼미가 조련사 지시에 따라 관람객 사이를 날아다니며 먹이를 채가는 장면을 보여준다. 내가 갔던 날은 배가 불렀는지 새들이 별로 말을 잘 듣지 않았다. 젊은 여성 조련사가 어쩔 줄 몰라 했는데 그래도 관람객들은 열심히 손뼉을 쳐 주었다.

2. 나비박물관(Cecil B. Day Butterfly Center)

미국에서 가장 큰 나비 박물관으로 꼽힌다. 유리로 된 온실 정원 안엔 60여종의 열대 식물도 자란다. 50여종의 1000마리 가까운 나비가 자유롭게 날아다닌다는데 세어보진 못했다. 나비 구경 못지않게 사진 찍느라 여념 없는 사람 구경도 재미있다. 나비 전시관과 나비 주제 기념품 가게도 들러볼 만하다. 멀지 않은 곳에 있는 옛날 통나무집도 캘러웨이 가든의 자랑거리다. 19세기 초기 서부 개척자의 전형적인 집으로 내부엔 당시 쓰던 침대와 주방기구들이 전시되어 있다. (당시엔 애팔래치안 산맥 서쪽은 다 서부였다)

3. 메모리얼 채플(Ida CasonCallaway Gardens Memorial Chapel)

숲속 작은 호수(Falls Creek lake) 옆에 있는 그림 같은 예배당이다. 가든을 만든 케이슨 캘러웨이가 어머니를 기리기 위해 지었다. 16세기 고딕 예배당 양식으로 자연석 벽과 스테인드글라스 유리창이 숲속 동화 나라 분위기를 자아낸다. 여름과 성탄절 전후 일요일 아침에는 초교파 예배가 드려지고, 주말엔 결혼식이나 미니 콘서트 장소로도 활용된다고 한다. 운이 좋으면 장엄한 파이프 오르간 연주도 감상할 수 있다. 나도 운이 좋았다. 이곳을 향해 걷는 내내 숲속 가득 울려퍼지는 장엄한 파이프 오르간 소리를 들을 수 있었기 때문이다.

4. 로빈 레이크(Robin Lake)

파인마운틴에서 흘러내린 물을 모아 놓은 인공호수다. 바닥이 다 들여다보일 만큼 물이 맑고 깨끗하다. 호숫가 모래 비치도 꽤 넓다. 주변엔 피크닉 테이블이 많아 소풍 놀기에도 좋다. 모래 장난하는 아이, 깔깔대며 물에 뛰어드는 아가씨들, 비치 의자에 나란히 누워 일광욕 즐기는 노부부들의 모습 등 한가롭고 평온한 미국인의 일상이 연출되는 곳이다. 물론 직접 동참하면 더 좋은 곳이다.

5. 트레일 걷기

어디를 가든 걸어 봐야 제맛을 느낄 수 있다. 이곳에서 가장 인기 있는 트레일은 가장 큰 호수인 마운틴 크리크 레이크를 한 바퀴 도는 6마일 트레일이다. 다 돌지 않고 일부만 걸어도 좋다. 나는 디스커버리센터에서 나와 왼쪽으로 돌며 나비박물관까지 걸었다. 호수를 따라, 나무 사이로 걷고 또 걸었다. 나무가 무성했고 숲은 깊었다. 가끔 손 맞잡은 노부부들이 지나갔다. 어쩌다 자전거를 탄 젊은이도 스쳐갔다. 호젓하고 좋았다. 디커버리센터 주차장으로 돌아올 때는 걷지 않았던 트레일

을 일부러 골라 걸었다. 야생화가 무성했고 개울도 흘렀다. 전혀 새로운 길이었다.

간단한 점심 요기를 하고 차를 옮겨 찾아간 곳은 아잘리아보울(Callaway Brothers Azalea Bowl)이었다. 캘러웨이 골프 용품 회사 설립자(Ely Callaway Jr.)가 아버지와 삼촌(가든 설립자의 아버지) 형제를 위해 기부한 돈으로 만든 철쭉 동산이다. 그다지 길지 않은 주변 트레일이 아주 예쁘다. 꽃과 호수, 예쁜 예배당이 있어 가든을 찾는 사람은 꼭 들르는 길이기도 하다. 4월 초·중순까지는 수천 그루 아잘리아가 장관이라는데 아쉽게도 나는 한발 늦었다. 그나마 그늘진 곳에서 뒤늦게 핀 꽃 앞에서 사진 몇장은 남겼다.

아잘리아(Azalea)는 진달랫과 진달래속 식물의 총칭이다. 진달래, 철쭉, 영산홍이 모두 아잘리아다. 진달래와 철쭉은 비슷하지만 다르다. 진달래는 잎보다 먼저 꽃이 피고, 철쭉은 잎이 먼저 나고 나중에 꽃이 핀다. 우리 조상들은 진달래를 참꽃, 철쭉을 개꽃이라고 불렀다. 참은 진짜라는 뜻, 개는 개소리, 개꿈, 개떡처럼 별로 좋은 게 아니라는 뜻의 접두어다. 꽃만 보면 철쭉이 훨씬 짙고 탐스러운데도 참꽃, 개꽃으로 구별한 이유가 있었을 것이다. 추측건대 진달래는 먹을 수 있고 철쭉은 못 먹는다는 이유가 아니었을까. 모두가 허기졌던 시절 먹을 수 있다는 것만큼 소중한 것은 없었을 테니까.

주소 | 17617 US-27. Pine Mountain, GA 31822

캘러웨이 가든이 있는 파인마운틴은 이 지역 도시 이름이자 산 이름이다. 파인마운틴 산자락 일부가 미국 31대 대통령 프랭클린 D. 루스벨트 이름을 딴 F.D. 루스벨트 주립공원으로 지정돼 있다. 캘러웨이가든에선 10여분 거리다. 가든 입장료 24.95달러.

▶ 웹사이트:www.Callawaygardens.com

황금빛 수선화 수백만 송이…"정녕 봄이로다"

6) 깁스가든
Gibbs Gardens

3월이 무르익었다. 성큼성큼 봄이 왔다. 봄은 그리움이다. 그리워할 고향이 없어도 어딘가가 그리워지고, 그리워할 사람이 없어도 누군가가 그리워지는 게 봄이다. 이럴 땐 촉촉한 옛 노래라도 들어야 한다. 난만한 꽃을 찾아 어디론가 나가 보는 것도 좋겠다.

조지아 북쪽, 체로키 카운티깁스가든이라는 곳에 수선화가 한창이라고 했다. 사진 잘 찍는 회사 동료가 계곡 가득, 언덕 가득 노란색으로 물들인 꽃을 담으러 갈 거라며 자랑했다. 그곳 이야기는 지난 가을부터 들었다. 한국식 코스모스가 무더기로 피었다 했다. 황홀한 단풍이 불붙고 있다고도 했다. 그때도 간다 간다 했지만 못 갔다. 결국 해 바뀌고 계절이 바뀐 다음에야 가 보게 됐다.

주말 아침 서둘러 집을 나섰다. 중앙일보 둘루스 사무실 기준으로 1시간 거리다. 고속도로 아닌 한적한 동네 길을 타고 갔다. 미국 남부 특유의 교외 풍경이 아침 햇살에 눈부셨다. 평화로웠다. 가든 입구는 소박했다. 왕복 2차선 길가에 작은 입간판 하나가 전부였다. 비포장도로를 따라 조금 더 들어가니 넓은 공터 주차장이 나왔다. 오전 9시 개장 시간을 갓 넘겼을 뿐인데도 벌써 꽤 많은 차가 있었다. 차를 대고 매표소에서 입장권을 끊었다. 50불짜리 1년 회원권을 권유받았지만, 그냥 1회권으로 했다. 회원이 되면 1년 내내 무제한 드나들 수 있어 동네 어르신들이 산책 삼아 많이 이용하는 것 같았다.

깁스가든은 개인 기업이 운영하는 사설 위락지다. 설립자는 짐 깁스(Jim Gibbs)라는 사람. 유명 조경 회사 전직 대표이자 애틀랜타 식물원(Atlanta Botanical Gardens) 창립 멤버. 그가 세계 곳곳 좋다는 정원은 다 둘러보고 수십 년 공들여 가꾼 곳이 이곳이다. 전체 면적은 336에이커. 평수로 환산하면 약 41만평, 축구장 200개 정도 크기다. 언덕과 계곡이 있는 야산을 통째로 사서 길 내고, 연못 만들고, 꽃과 나무를 심어 미국 최대 주거용 정원으로 키웠다.

주제별로 모두 16개의 정원이 있고 그 안에 32개 다리, 24개 연못, 19개 폭포를 넣어 꾸몄다고 한다. 대충 봐도 두어 시간, 찬찬히 둘러보려면 서너 시간이 걸린다. 받아 든 안내 지도를 따라 걷기 시작했다. 처음 맞닥뜨린 곳은 모네의 수련 가든(Monet Waterlily Gardens)이다. 여러 연못 주변으로 앙증맞은 인형 조각들이 볼 만했지만 정작 수련은 아직 한 송이도 피지 않았다. 모네(1840~1926)는 유명한 프랑스 인상파 화가다. 말년에 수련 연못을 주로 그렸다. 그의 그림을 재현하려 140여종의 수련을 피우고 모네 수련정원이라 이름 붙였다는데 꽃은 늦은 봄부터라야 핀다고 한다. 그때나 다시 와야 볼 수 있겠다.

숲길 따라 조금 더 들어가니 일본 정원(Japanese Gardens)이 나왔다. 단아하고 정갈한 연못과 분수, 다리, 석탑 등이 눈길을 끌었다. 군데군데 철 이른 벚꽃도 피었

다. 곳곳에 일본 단풍나무가 있어 늦가을 단풍철이면 깁스가든 최고 명소가 된다
는 곳이다. 이런 류의 '재패니즈 가든'은 미국 어디를 가나 있다. 그만큼 '재팬'이라
는 브랜드가 미국 깊숙이 들어와 있다는 얘기다. 내 눈에도 자동차, 음식, 만화, 음
악 등의 일본 문화는 미국인들에겐 공기처럼 익숙해 보인다. K팝이니 K뷰티니 해
서 요즘 한류 열풍이 거세다고는 하지만 아직 번듯한 한국 정원 하나 만나기 힘든
게 현실이고 보면 우린 여전히 갈 길이 멀다.

이어 매너 하우스 가든(Manor House Gardens)으로 발길을 돌렸다. 매너란 중세 유
럽 장원(莊園)을 말한다. 그러니까 이곳은 영주가 살았을 법한 저택을 중심으로 장
원처럼 잘 가꿔진 정원이다. 집은 그다지 크진 않지만, 유럽의 옛 성(城)처럼 고풍스
럽다. 창문 너머로 보이는 내부는 벽난로와 예쁜 그릇과 골동품 장식들이 가득했다.

집 아래로는 비탈진 숲을 따라 호젓한 산책로가 뻗어 있다. 명상과 사색, 영감의 인
스퍼레이션 가든(Inspiration Gardens)으로 이어지는 길이다. 길기, 사람 손길 닿은
꽃들이 예뻤다. 길섶, 금세라도 터질 듯 부푼 진홍색 꽃망울도 반가웠다. 한국서 보
던 진달래 같기도 하고 철쭉 같기도 했다. 잔돌 깔린 길바닥도 밟을 때마다 사그락
사그락 명랑한 소리를 냈다. 자연 그대로도 훌륭하지만 이렇게 적절히 사람 정성
이 가미된 공간은 훨씬 세련되고 품격도 높아지는 것 같다. 깁스가든은 이렇게 전
체가 자연과 인공의 조화다.

여기저기 기웃거리다 보니 어느새 두 시간이 지났다. 그새 햇볕은 도타워졌고 바
람도 훈훈해졌다. 마지막으로 찾은 곳은 오늘의 하이라이트, 수선화 정원(Daffodil
Gardens)이다. 정자가 있는 연못을 에둘러 걷고, 개울도 건넜다. 청둥오리 한 쌍이
번갈아 자맥질하고 다리 밑에선 작은 물고기가 떼 지어 헤엄을 쳤다. 연못 속에 내
려앉은 하얀 구름 때문인지 오리도, 물고기도 하늘 위로 둥둥 떠다니는 것 같았다.

마침내 수선화 동산, 노란 물결 흰 물결이 언덕 가득 장관이다. 봄바람에 일렁이는
수백만 송이 꽃들이 합창단처럼 쟁쟁 소리를 내는 것 같다. 휠체어 탄 할머니도, 꼬
마 아이 목말 태운 아빠도, 폴짝폴짝 내달리는 손녀 뒤쫓는 할아버지도 모두가 행

복한 모습이다. 꽃밭 이랑 사이를 들여다보니 꽃들도 제각각이다. 색깔 다르고, 피는 시기 다르고, 이름도 다 다르다. 아무렴 어떤가. 그래도 모두가 대포딜, 수선화인 것을. 모두가 어울려 함께 피니 이렇게나 좋은 것을.

"눈부신 아침 햇살에 산과 들 눈뜰 때
그 맑은 시냇물 따라 내 마음도 흐르네
가난한 이 마음을 당신께 드리리
황금빛 수선화 일곱 송이도"

좋아했던 가수 양희은의 옛 노래가 저절로 입가에 맴돌았다. 소박한 연인들의 마음이 노란 수선화에 묻어 전해져 오는 것같다. 원래 곡은 훨씬 더 감미롭고 따뜻하다.

I may not have a mansion, I haven't any land
Not even a paper dollar to crinkle in my hands
But I can show you morning on a thousand hills
And kiss you and give you seven daffodils.

(멋진 집도, 한 조각 땅도 나에겐 없지만 / 구겨진 1불짜리 지폐 한 장 내 수중엔 없지만 / 동산 위로 밝아오는 아침은 당신께 드릴 수 있어요 / 다정한 입맞춤과 수선화 일곱 송이도 함께요)

좋다. 꽃 좋고 노래 좋고, 볕 좋고 걷기 좋은 조지아 깁스가든의 봄이다.

주소 | 1987 Gibbs Drive, Ball Ground, GA 30107

오전 9시부터 오후 4시까지 개장하며 월요일은 휴무다. 여름(7월 5일~10월 2일)과 겨울(11월 15~12월 4일)엔 월, 화를 뺀 주 4일만 문을 연다. 입장료는 1인당 20달러. 65세 이상 시니어는 18달러다. 위에 언급한 장소들 외에도 호젓하게 걸을 수 있는 곳도 많다.
▶웹사이트: www.gibbsgarden.com

절벽 위 하늘 폭포, 7개 주 전망대, "황홀해요"

7) 락시티 가든
Rock City Gardens

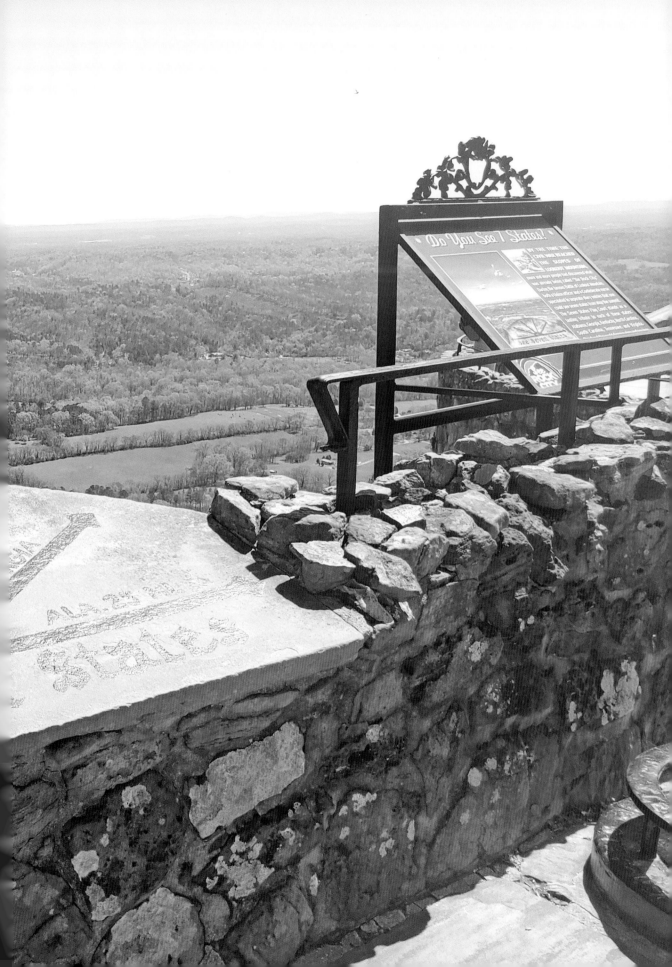

2021년 봄 잘 아는 후배가 애틀랜타로 출장을 왔었다. 주말에 어디 구경 가볼 만한 곳 추천 좀 해 달라 했다. "글쎄, 어디가 좋을까" 잠시 고민하다가 내가 처음 조지 아 왔을 때 여러 사람으로부터 들었던 그대로 전달했다. "한나절 가볍게 구경하려 면 스톤마운틴, 하루 나들이로 가려면 락시티만한 곳이 없지."

그 이후로도 한국서, 혹은 타주서 손님이 올 때마다 비슷한 질문을 받고 그럴 때마다 똑 같이 대답했다. 스톤마운틴은 거의 애틀랜타의 상징 같은 장소니까 그렇다 치고, 락시 티는 도대체 어떤 곳이기에 조지아 한인들이 이구동성으로 추천하는 명소가 됐을까.

락시티는 조지아와 테네시 접경에 있는 룩아웃마운틴 산자락에 있다. 애틀랜타에 선 차로 2시간 남짓 거리다. 룩아웃마운틴은 채터누가 시가지가 한눈에 내려다보 이는 우뚝한 산이자 고급 주택지다. 가장 높은 곳은 해발 2389피트(728m). 체로키 원주민들은 이 산을 '솟아오른 바위'라는 뜻의 채터누가라 불렀다. 지금 채터누가 는 테네시강을 끼고 있는 아름다운 강변 도시 이름이 됐다. 내슈빌, 멤피스, 녹스빌 에 이은 테네시주 4번째 도시다.

락시티의 정식 명칭은 락시티 가든 (Rock City Gardens)이다. 테네시주 채터누가에 있는 것으로 알려졌지만 주소는 조지아다. 구글 지도를 켜고 찾아가면 조지아에서 테네시로, 또 조지아로 넘나들 때마다 '웰컴 투 조지아'라는 인사가 나온다. 락시티는 국립공원도 아니고 주립공원도 아니다. 20세기 초 가넷 카터 부부의 땀과 노력으로 만들어진 인공 정원이다. 룩아웃마운틴 정상보다는 조금 아래인 해발 1700피트 (518m)에 있다. 90년 전인 1932년에 일반에 개장됐다.

락시티가 조지아를 비롯한 미국 동남부의 대표적 관광 명소가 된 것은 이유가 있다. 첫째 한 자리에서 7개 주를 다 볼 수 있는 기막힌 전망 때문이다. 둘째, 이런 산꼭대기에 어떻게 저런 폭포가 있나 싶을 정도로 기묘한 절벽 폭포도 유명세를 더했다. 셋째, 진기한 나무와 돌, 동굴, 조각 작품 등 정성 들여 모으고 가꾼 구경거리가 가득하다는 점이다

락시티 내부를 도는 오솔길(Enchanted Trail)은 0.5마일이 채 못 된다. 하지만 바위틈 사이사이로 다양한 꽃도 보고 나무도 보고, 이런저런 조각상까지 살펴가며 걷는 재미가 쏠쏠하다. 바위 사이로 곡예처럼 지나가야 하는 바늘 눈(Needle's Eye), 날씬한 사람만 지날 수 있는 뚱보 쥐어짜기(Fat Man's Squeeze), 아찔한 바위 계곡 위로 놓인 180피트 길이의 출렁다리 건너기도 특별한 즐거움이다.

압권은 절벽 위에서 쏟아지는 물줄기다. 약 100피트(30m) 높이의 절벽 위 폭포는 하늘에서 물이 쏟아지는 것 같다. 거장 미야자키 하야오 감독의 '천공(天空)의 성(城) 라퓨타' 같은 공상과학 만화 영화 속에나 나올 법한 분위기다.

계곡 산책이 끝날 무렵에 만나는 동화나라 동굴(Fairyland Caverns)은 20세기 동심의 세계다. 유럽 전래동화에 심취했던 카터 부인이 독일 등 유럽 여러 나라를 다니며 동화 속 주인공 인형을 일일이 모으고 수입해 온 것들로 동굴을 가득 채웠다. 하지만 모두 100년 전 옛날 동화의 주인공들이라 빠르고 세련된 신종 캐릭터에 익숙한 21세기 아이들 동심에는 얼마나 가 닿을지는 살짝 의문이다. 대신 어릴 때 보고 들었던 동화 속 주인공들을 만나서 그런지 나이 든 사람들은 다들 좋아하는 것 같았다.

락시티에 관한 최초의 기록은 1823년으로 거슬러 올라간다. 당시 백인 선교사들이 원주민 선교를 위해 이곳에 왔다가 큰 바위 군락을 발견하고 바위 요새(Citadel of rocks)라는 기록을 남겼다.

남북전쟁 때의 기록도 있다. 동남부 주요 산들이 대개 그랬듯 룩아웃마운틴도 남군과 북군의 요란한 격전지였다. 그때 양측 병사들은 모두 락시티가 동남부 7개주를 볼 수 있는 자리라고 보고했다. 이후 7개주 조망은 기정사실로 굳어졌고 누구나 그렇게 믿었다. 그 절벽 위에는 지금 '연인의 도약(Lover's Leap)'이라는 이름이 붙어 있고 바로 옆엔 7개 주까지의 거리를 표시한 이정표가 만들어져 있다.

'연인의 도약'에는 전설도 전한다. 들어보니 앞서 소개했던 요나마운틴 절벽 전설의 복사판이다. 앙숙 관계였던 두 인디언 부족 청춘남녀가 사랑에 빠졌지만, 남자가 한 부족에게 잡혀 이곳에서 죽임을 당하자, 여자도 따라 절벽에서 몸을 던졌다는 바로 그 전설이다. 이와 비슷한 전설은 이곳 말고도 전국 절벽 수십 곳에 퍼져 있다고 한다. 지금처럼 카톡 퍼 나르기 한 것도 아닐 텐데 정말 속담처럼 발 없는 말이 천 리, 만 리를 가긴 갔는가 보다.

락시티 방문자 열에 아홉은 '연인의 도약' 절벽 위에서, 또 7개 주 이정표 앞에서 기념사진을 찍는다. 7개 주는 조지아, 테네시, 사우스캐롤라이나, 노스캐롤라이나, 앨라배마, 버지니아, 켄터키주를 말한다. 나도 갈 때마다 사진을 찍었지만 저 멀리 아득히 보이는 곳이 정말 7개 주 땅일까 싶기도 했다. 하지만 그렇다고 하니 그렇겠거니 했다. 궁금증을 참지 못하는 사람도 있었던 모양이다. 2007년 누군가가 테네시대학에 사실 여부 확인을 의뢰했다. 돌아온 대답은 아리송했다. "지금처럼 대기 오염이 심하지 않았을 때의 기록이니까 7개 주가 보인다는 말은 사실일 수 있습니다. 하지만 7개 주가 보이고 안 보이고가 뭐가 그리 중요한가요?"

보이는 것을 믿는 것은 누구나 하는 일이다. 보지 않고도 믿는 것이 진짜 믿음이라 했다. 락시티에 관한 한 나는 후자 쪽을 따르기로 했다. 그래서 지금도 이곳을 소개할 때는 꼭 이렇게 덧붙인다. "락시티는 7개 주가 한 눈에 내려다보이는 곳입니다. 조지아 왔으면 한 번은 가봐야죠."

주소 | 락시티가든: 1400 Patten Road, Lookout Mountain, GA 30750

입장료(어른 기준)는 주중 24.95달러, 주말엔 27.95달러. 시간대별로 입장 인원이 제한되기 때문에 사전 온라인 예약을 권장한다. 문의 및 예약 웹사이트 : www.seerockcity.com

룩아웃마운틴의 또 다른 명소 루비폭포(720 Scenic Hwy, Chattanooga, TN 37409)도 들러볼 만하다. 1120피트 지하에 있는 동굴 속 폭포로 유명하다.

조지아 최고 폭포가 발 아래 '쫙~'

8 아미카롤라 폭포 주립공원
Amicalola Falls State Park

아미카롤라 폭포 주립공원 (Amicalola Falls State Park)은 조지아에 와서 처음으로 산행을 해 본 곳이다. 한 번 가고 좋아서 타주서 손님이 왔을 때도 이곳을 데려갔다. 그리고 또 좋아서 여름에도 일부러 찾아가 몇 시간을 걸었다.

무엇보다 공원 입구에서 만난 폭포가 강렬했다. 폭포의 공식 높이는 729피트(222m). 조지아에서는 가장 높다. 미시시피강 동쪽에서는 세 번째다. 가장 높은 폭포는 버지니아주에 있는 크랩트리 폭포(Crabtree Falls, 1000피트), 두 번째는 버몬트주의 스머글러스 폭포(Smuggler's Falls, 8000피트)다. 세계적으로 유명한 뉴욕주의 나이아가라 폭포는 폭이 넓고 수량이 많아 웅장하고 거대해 보이지만 정작 높이는 55m밖에 안 된다.

아미카롤라라는 말은 이곳 원주민이었던 체로키 부족 언어로 '굴러떨어지는 물(tumbling waters)'이라는 뜻이다. 실제로 폭포 옆을 밑에서부터 걸어 올라가 보면 바위 절벽을 타고 우당탕 콸콸 물보라를 일으키며 세차게 굴러떨어지는 물을 눈으로, 귀로, 피부로 직접 확인할 수 있다.

아미카롤라 폭포의 장관을 구경했다면 이제부터 본격적으로 걸어야 한다. 이곳은 조지아주가 자랑하는 대표적 주립공원인 만큼 다양한 코스의 트레일이 있다. 가족끼리 가볍게도 걸을 수 있고, 전문 하이커처럼 강도 높게도 걸을 수 있다. 그래도 가장 인기 있는 구간은 폭포에서 스프링어 마운틴까지 이어지는 8마일(13km) 구간이다.

스프링어 마운틴은 공식적인 애팔래치안 트레일의 남쪽 출발점이다. 하지만 사실상 출발점은 바로 이곳 아미카롤라 폭포다. 애팔래치안 트레일을 동경하는 사람은 종주는 못 해도 이곳 주변을 걸으며 살짝 맛은 본다. 애팔래치안 트레일은 이곳에서 메인주까지 이어지는 꿈의 트레일이다. 아미카롤라 폭포 방문자센터 안내판에 쓰인 안내 문구는 이렇다.

"조지아주 스프링어마운틴 근처에서 시작해 메인주 마운트 캐터딘까지 이어지는 약 2100마일 (3400km)의 산길. 미 동부 14개 주를 지나며 조지아 구간은 약 75마일이다. 매년 약 2000명의 하이커가 대장정에 도전하고 그 중 약 17%만이 성공한다. 트레일이 완성된 1937년 이후 지금까지 종주에 성공한 사람은 모두 8000여명이다."

내가 처음 이곳을 찾았던 때는 2021년 1월이었다. 그 땐 방문자센터에서 폭포를 거쳐 산속 4마일 정도만 가볍게 걸었다. 빼곡하게 들어선 앙상한 나목들이 인상적이었다. 조지아가 처음이기도 하고 혼자이기도 해서 더 쉬엄쉬엄 걸었다.

아침이라 그런지 산에서 사람을 만나지 못했다. 대신 간혹 흑곰이 나타날 수 있다는 안내판이 보였다. 무섭진 않았다. 곰을 만나면 양팔을 최대한 벌리고 크게 소리 지르며 서서히 물러날 것, 절대로 뒤돌아서 도망가지 말 것 등을 주문처럼 외우고 있었기 때문이다. 지인이 선물 해 준 호루라기가 배낭에 달려 있다는 사실도 든든했다. 곰은 시끄러운 소리를 싫어한다니 비상시엔 효과가 있을 것이었다.

7월, 녹음이 한껏 짙어졌을 때 또 한 번 이곳을 걸었다. 무성한 숲속 나무들이 뿜어내는 향기가 싱그러웠다. 폭포 바로 위에서 하이크 인(Hike Inn) 산장까지 왕복 11마일을 거의 쉬지 않고 걸었다. 만만치 않았다. 오르락내리락, 숨은 차고, 온몸은 땀범벅이 되고, 발바닥은 아프고, 다리는 뻑뻑해져 왔지만 대 여섯 시간 걷고 난 뒤의 기분은 최고였다. 아, 이 맛에 걷는다.

주소 | 418 Amicalola Falls State Park Rd, Dawsonville, GA 30534

아미카롤라 폭포 주립공원은 애틀랜타 한인타운인 둘루스에선 약 1시간 반 정도 거리다. 당일로 충분히 다녀올 수 있고, 폭포 인근 랏지나 숲속의 캐빈, 캠프 사이트 등을 미리 예약하면 숲속에서 아주 운치 있는 하룻밤을 보낼 수도 있다. 공원 입장료는 차 한 대당 5달러. 공원 방문자센터는 주 7일, 오전 8시 30분부터 오후 5시까지 문을 연다.

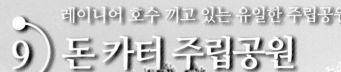

레이니어 호수 끼고 있는 유일한 주립공원

9) 돈 카터 주립공원
Don Carter State Park

**DON CARTER
STATE PARK**

GEORGIA
DEPARTMENT OF NATURAL RESOURCES

미국의 유명 공원은 나름대로 등급이 있다. 국립공원(National Park)-주립공원(State Park)-카운티 공원(County Park) 혹은 시립공원(City Park)이 그것이다. 누가 관할하느냐에 따라 붙여진 일종의 식별표이자 계급장인 셈이다. 사람들 선호도나 공원의 명성도 대체로 이 순서다.

공원(park)이라는 이름 대신 국가기념물(National Monument, 준국립공원)이나 역사공원(Historic park)이 붙여진 곳도 많다. 호수나 바다, 강, 숲, 전쟁터 등이 그런 곳인데, 유래가 깊고 보호가 필요가 있는 곳은 연방정부나 주 정부가 별도로 지정해 관리한다.

연방 공원관리국(NPS)이 관할하는 이런 공원은 미국 전역에 400개가 넘는다. 그중 국립공원은 2021년 말 현재 63개다. 최초의 국립공원은 1872년에 지정된 옐로스톤이다. 방문자가 많기로는 테네시의 그레이트 스모키 마운틴(연 1100만명)이 1등이고 애리조나 그랜드캐년(연 600만명)이 2등, 캘리포니아 요세미티(연 500만명)가 3등이다. 국립공원이 가장 많은 주는 캘리포니아로 9개가 있다. 알래스카가 8개로 두 번째, 그다음 유타 5개, 콜로라도 4개 순이다. 국립공원이 하나도 없는 주도 20개나 된다. 조지아도 그중의 하나다. 그래도 국립(National)이라는 이름이 붙은 기념물이나 강, 해안, 숲은 조지아에도 꽤 있다. 주립공원도 많다. 모두 48개나 되고 사적지(Historic Site)도 15곳이 있다.

조지아 주립공원은 14년을 살았던 캘리포니아와의 그것과는 느낌이 좀 달랐다. 대단한 경치나 유별난 특색을 가진 곳이라기보다는 인근 주민들이 언제든지 가서 바비큐도 구우면서 한나절 쉬거나 시간 보내기 좋은, '잘 관리된 자연'이었다. 호수가 있고, 똑같은 나무가 있고, 가쁜 숨 몰아가며 걷지 않아도 되는 평탄한 트레일이 있다는 것은 조지아 주립공원의 공통점이다. 그렇지만 유래를 찾아보고 지역 향토사도 더듬어 보면서 각 공원의 특징을 알아가는 일은 흥미로웠다. 무엇보다 걷기 좋은 트레일이 다양하게 있다는 것, 그것만으로도 충분히 찾아갈 만한 매력이 있었다. 돈 카터 주립공원도 그런 곳이다.

돈 카터(Don Carter) 주립공원은 레이크 레이니어 호수 북쪽 끝에 있다. 테네시주 접경 산악지대에서 흘러내려 온 채터후치강이 레이니어 호수와 만나는 지역이다. 애틀랜타 중앙일보가 있는 둘루스 한인타운에서는 차로 약 50분 거리다.

레이니어 호수는 1956년 뷰포드댐 완공으로 생겨난 인공 호수다. 여의도 면적의 50배 이상일 만큼 크고 넓어 매년 800만 명 이상이 찾는 조지아 주민들의 최대 휴양지다. 돈 카터 공원은 이 호수를 끼고 있는 유일한 주립공원이다. 공원이 정식 개장한 것은 2013년으로 조지아 주립공원 중에서는 가장 최근에 문을 열었다. 돈 카터라는 이름은 조지아 천연자원국 보드에서 29년을 봉사하면서 홀카운티에 주립공원을 유치

하기 위해 헌신했던 게인스빌의 부동산 업자 돈 카터(1933~2019)를 기려 붙여졌다.

나는 2월 중순 주말 오전 이곳을 찾아가 3시간을 걷다 쉬다 하고 왔다. 너무 이른 시간이었는지 입구 매표소엔 사람이 없었다. 어쩔 수 없이 비치된 봉투에 하루 주차비(5달러)를 준비해 수거함에 넣었는데 막 그때야 방문자센터 직원이 나타났다. 따라 들어가 아예 1년짜리 입장권을 샀다. 값은 50달러. 10번 이상 찾아가야 본전이지만 충분히 가능하리라 생각해서다. 먼저 낸 하루 주차비 5달러는 자동으로 기부한 셈이 됐다.

가장 인기 있는 하이킹 코스는 공원 남쪽 호안을 끼고 도는 돈 카터 트레일이다. 5.5마일. 약 2시간 정도면 한 바퀴 돌 수 있다. 북쪽 언덕배기를 도는 도그 크리크 트레일도 좋다. 붙어 있는 다른 구간을 포함하면 전체 트레일 길이는 6.1마일, 2시간 반 정도면 걸을 수 있다.

나는 방문자센터에서부터 시작되는 오버룩 트레일을 따라 호수까지 내려갔다. 최근 내린 비로 물빛은 황토색이었다. 호수를 바라보며 한동안 '물멍'을 하다가 호숫가로 이어진 왕복 2마일 남짓의 테러핀 코브 트레일을 걸었다. 조금 아쉬워 다시 1.5마일 우드랜드 루프를 한 바퀴 더 돌았다. 조붓한 길섶에 졸졸 흐르는 작은 개울물도 있고 겨울에도 초록을 잃지 않은 침엽수가 울창했다.

숲길은 한산하고 호젓했다. 그래도 부지런한 사람은 있어 가끔 혼자 걷는 사람도 만났다. 인적 드문 곳에서 사람을 만나면 본능적으로 긴장이 된다. 그럴 땐 경계감을 애써 감추고 일부러 큰 소리로 인사를 건넨다. "굿모닝!" 상대도 같은 심정인 듯 똑같이 큰소리로 답을 한다. "헬로~"

인적 드문 이 숲속에 저들은 아침부터 왜 저렇게 혼자 와서 걸을까. 어떤 사람에게는 이 시간이 기도의 시간일 것이다. 또 어떤 사람에게는 몸의 회복과 치유를 위한 운동의 시간이기도 하겠다.

나에게 걷기란 탁해진 기운 맑게 정화하고, 거칠어진 기질 어질게 순화하는 시간이다. 평소 잘 떠오르지 않던 아이디어가 불쑥 떠오르기도 하고 고민에 대한 답이 저절로 얻어지는 것도 기대 안 한 수확일 때가 많다. 걸어 본 사람은 다 안다. 말로는 표현 안 해도 이런 모든 혜택이 걷기가 주는 선물이라는 것을.

주소 | 5000 N. Browning Bridge Rd. Gainesville, GA 30506

공원 안에 숙박 가능한 캠프장과 캐빈이 여럿 있다. 보트나 낚시가 가능하고 여름엔 수영과 모래 장난을 할 수 있는 인공 비치도 인기다. 캠핑카(RV)를 위한 공간도 넉넉하다. 하루 입장료(주차비) 5달러. 조지아 주립공원 1년 입장권(Annual ParkPass)을 사면 주립공원은 어디든지 무제한 이용할 수 있다. 국립공원 연간 이용권(the America Beautiful)은 인정하지 않는다.

조지아주는 넓다. 면적이 대한민국(남한)의 1.5배가 넘는다. 인구는 1070만 명이다. 서울 인구보다 조금 많다. 인구의 50% 이상은 주도 애틀랜타와 주변 4개 카운티에 몰려 산다. 4개 카운티는 귀넷(Gwinnett), 풀턴(Fulton), 디캡(DeKalb), 캅(Cobb) 카운티다.

전체 지도를 놓고 보면 이들 지역은 모두 조지아 북서쪽에 있다. 15만 명 가까운 조지아 한인들 역시 대부분 이곳에 몰려 산다. 그러니 하이킹을 가도, 골프를 쳐도, 바깥나들이 하는 곳은 주로 집 가까운 북부 지역이다. 평지가 많은 조지아에서 그래도 애팔래치아 산맥 끝자락이 닿아 있는 북쪽이 그런대로 산과 계곡 맛을 느낄 수 있어서이기도 하다.

그렇다고 남쪽이 맹탕은 아니다. 찾아보면 가볼 만한 명소들이 꽤 있다. 특히 앨라배마와 주 경계를 이루는 남서쪽 채터후치강을 따라 특색 있는 곳이 많다. 프로비던스 캐년 주립공원도 그 중 하나다.

조지아에서만 30년 넘게 살았다는 지인이 '리틀 그랜드캐년'이라며 꼭 가보라고 추천해 준 곳도 이곳이다. 인터넷을 찾아보니 사진들이 진기했다. 방문기 역시 칭찬 일색이어서 한 번 꼭 가 봐야지 하는 마음이 들게 했다.

잡지 '조지아 보이저'와 '애틀랜타 저널'이 선정한 조지아 7대 경이로운 자연 명소(The Seven Natural Wonders of Georgia) 중의 하나라는 것도 알았다. 7대 명소는 프로비던스 캐년 외에 한인들도 많이 가는 아미카롤라 폭포, 스톤마운틴, 탈룰라 협곡(Tallulah Gorge)과 나로서는 처음 들어본 남쪽 플로리다 접경의 오키페노키 습지(Okefenokee Swamp), 남쪽 소도시 알바니 외곽의 라듐 스프링스(Radium Springs), 남쪽 파인마운틴 자락에 있는 웜 스프링스(Warm Springs)다.

프로비던스 캐년은 인구수로 조지아 제2의 도시인 콜럼버스에서 남쪽으로 50분쯤 거리에 있다. 둘루스 한인타운 H마트 기준으로 172마일, 약 세 시간 거리다. 4월 마지막 주말 새벽, 마음이 동해 급히 배낭을 꾸려 차에 올랐다.

I-85, I-185 고속도로를 신나게 달렸다. 콜럼버스를 지나서부터는 GA-280, GA-27 지방도로였다. 인구밀도가 극히 낮은 지역이어서 그런지 오고 가는 차가 거의 없었다. 주변은 온통 푸른 숲이다. 높은 산, 높은 건물 하나 없으니 마음도 눈도 다 뻥 뚫리는 듯했다. 그 와중에 경찰차에 붙들려 있는 차두 대를 보았다. 과속 조심! 한적한 길, 낯선 길일수록 준법 운행이다.

가는 내내 볼륨 높여 옛 가요를 들었다. 요즘 차는 스피커가 좋다. 신들린 듯 토해내는 가수 한영애 목소리가 차 안 가득 퍼졌다.

"울려고 내가 왔던가, 웃으려고 왔던가~

비린내 나는 부둣가엔 이슬 맺힌 백일홍…".

2절은 더욱 구성지다.

"…울어본다고 다시 오랴, 사나이의 첫 순정~".

혼자 운전할 땐 이런 B급 감성, 뽕짝 메들리가 제격이다. 사나이 순정 따윈 잃어버린 지 오래지만, 어느새 다시 20대 촉촉했던 시절로 되돌아간 기분이 나쁘지 않았다. 그렇게 흥얼흥얼 달리다 보니 3시간이 잠시, 어느새 공원 입구다.

주립공원은 어디든 걷기가 좋다. 트레일이 잘 정비되어 있고 쉬운 길, 힘든 길 난이도에 따라 골라 걸을 수도 있다. 프로비턴스 캐년도 그랬다. 하이킹 시작은 방문자 센터 뒤에서부터다. 우선 계곡 아래로 내려가야 한다. 0.25마일 짧은 길이지만 땅이 갈라져 여기저기 맨흙이 드러나 있다. 찰진 진홍색 흙이다. 퍼 날라 황토방이라도 만들면 딱 좋을 흙이다.

계곡 아래는 뜻밖에도 물이 흥건한 뻘밭이다. 큰 개울은 아니고 황토인지 모래인지 땅바닥을 질척질척 흘러내리는 정도다. 여기서 길은 세 갈래로 나뉜다. 바로 가면 화이트 트레일. 캐년 전체를 한 바퀴 삥 둘러 도는, 약 3마일 둘레길이다. 왼쪽으로 꺾어 들면 캐년을 구경하는 길이다. 2마일이 채 안 되지만 계곡과 봉우리를 다 둘러보려면 제법 시간이 걸린다. 오른쪽으로 들어가면 이 공원에서 가장 긴 백컨트리 트레일로 숲속 캠프장으로 이어지는 7마일 코스다.

나는 가까운 두 곳만 걷기로 했다. 먼저 캐년 답사부터 했다. 초입은 따로 등산로가 없고 물길이 그냥 트레일이다. 바닥은 황토인데 단단하고 물은 얕아 걷기엔 어려움은 없다. 그래도 미끄러지지 않도록 조심은 해야 한다. 신발도 이왕이면 방수되는 등산화가 좋겠다.

캐년은 1번부터 9번까지 번호가 매겨져 있어 하나하나 들어가 봐야 한다. 비슷한 듯 다르고 다른 듯 비슷한 봉우리들이다. 멀리서 보면 단단한 바위처럼 보이는데 막상 가까이 가서 보면 부들부들한 모래가 다져진 것들이다. 색깔도 가지가지다. 어떤 곳은 희고 어떤 곳은 붉다. 보랏빛, 분홍빛도 있다. 무지개떡처럼 여러 색깔이 층층이 쌓인 곳이다. 공원 안내서에 따르면 원래 이곳은 초기 이주자들이 농사짓던

평지였다는데 1800년대 초중반부터 땅이 움푹 꺼지고 침식이 가속화되면서 이런 지형이 만들어졌다는 설명이다.

캐년 트레일을 구석구석 기웃거려 보고 난 뒤 화이트 트레일을 걸었다. 4월 하순인데도 날이 더웠다. 어느새 다 자라 무성해진 나무가 햇볕을 가려주어 다행이었다. 한참을 걷다 보니 어느 계곡 위다. 처음 공원에 들어올 때 봤던 그늘막이 있고 피크닉 테이블이 있는 넓은 잔디밭이었다. 조금 전에 둘러봤던 계곡과 봉우리들이 발아래로 다 보였다. 망원경이 놓인 전망대에서 몇장 사진을 찍었다.

이제 출발지 방문자센터가 멀지 않았다. 부지런히 걸음을 옮겼다. 찻길 건너편으로 흰색 목조 건물이 보였다. 1832년에 세워졌다는 감리교회다. 미국 남부 시골 교회가 으레 그렇듯 이 교회 옆에도 묘지가 있다. 무성한 잡풀 틈에 방치된 비석들이 쓸쓸했다. 모두 1800년대 초에 태어나 19세기를 넘기지 못하고 죽은 사람들 묘비다. 천 년을 살 듯 해도 100년을 넘기기 힘들고, 만 년을 갈 듯 공들여 비석을 세워도 기껏 100년이 고작이다. 부질없는 인생, 지구별에 잠시 머물다 가는 목숨들이 가련하고 무상하다. 그러니 살았을 때 열심히 살 일이다. 좋은 일 하며 착하게 살다 갈 일이다.

주소 | 8930 Canyon Rd, Lumpkin, GA 31815

주차비. 5불. 주립공원 1년 이용권 50불. 패스 통용. 10여분 거리에 플로렌스 마리나 (Florence Marina)주립공원이 있다. 이곳은 채터후치 강변에 있는 주립공원으로 보트와 캠핑 애호가들이 많이 찾는다.

사랑하는 딸에게 준 아버지의 '깜짝 선물'

11) 애나 루비 폭포
& 유니코이 주립공원
Anna Ruby Falls & Unicoi State Park

대선이 끝났다. 이제는 마음을 가라앉힐 때다. 내가 성원하던 사람이 됐든 혹은 그 반대이든, 다수의 선택을 받은 사람이 나라를 더 잘 이끌 수 있도록 응원하는 것이 도리이자 모두의 바람일 것이다. 그래도 아쉬운 마음, 들뜬 기분이 도무지 가라앉지 않는다면 어디 괜찮은 산이라도 찾아 기분전환을 해보는 것도 좋겠다. 그럴 때 훌쩍 가볼 만한 곳이 애나루비 폭포(Anna Ruby Falls)다.

이 폭포는 조지아 최대 관광지로 꼽히는 '헬렌(Helen) 조지아' 바로 인근에 있다. 둘루스 한인타운에선 75마일, 1시간 30분 정도 거리다.

헬렌은 유니코이 주립공원(Unicoi State Park)을 끼고 있는 유럽풍의 산간 마을이다. 캘리포니아의 덴마크 마을 '솔뱅'과 비슷한 분위기다. 독일, 네덜란드를 연상시키는 이색 건물과 이국적 풍물들이 가득하고 여름엔 레저 물놀이 시설도 많다. 한인들도 많이 찾아가는 곳이라 폭포 보러 간 김에 헬렌까지 둘러본다면 일석이조, 일타쌍피가 되겠다.

조지아 살면서 의외였던 게 전문 안내 책자까지 있을 정도로 크고 작은 폭포가 많다는 것이었다. 특히 애팔래치안 산맥 끝자락 북부 산악지대에 수십 개가 집중돼 있다. 그중 단골로 추천되는 곳이 애나루비 폭포다. 위대한(great), 경이로운(amazing), 경탄할 만한(admiring), 빼어난(striking), 숨을 멎게 하는(breathtaking), 장관을 이루는(spectacular), 천둥 치는 듯한(thundering) 등의 다양한 수식어만 봐도 이 폭포가 어떤 곳인지 알 수 있다.

영어 표현의 과장을 감안하더라도 이런 정도라면 한 번 가보지 않을 수 없겠다. 나는 2021년에만 세 번을 갔다. 혼자서 한 번, 나중에 가족과 한 번, 그리고 캘리포니아에서 손님이 왔을 때도 조지아에 좋은 곳을 자랑하고 싶어 데리고 갔다.

애나루비 폭포로 가려면 헬렌에서 유니코이 주립공원을 거쳐 들어가야 한다. 폭포는 주립공원이 아닌 연방삼림청 관할 채터후치 국유림(Chattahoochee National Forest)에 속해 있기 때문이다. 트레일은 방문자센터가 있는 주차장에서 바로 시작된다. 폭포까지 왕복 거리는 1마일이 채 안 된다.

올라가는 길은 약간의 경사가 있지만, 포장이 되어 있어 하이힐 신은 아가씨도, 슬리퍼 질질 끄는 청년도 어슬렁어슬렁 갈 수 있다. 80대 할머니도, 서너 살 꼬마도 보이고 유모차 미는 새댁, 강아지 안고 오는 아주머니도 있었다. 말 그대로 '키드 프렌들리, 스트롤러 프렌들리, 도그 프렌들리(kid-friendly, stroller-friendly and dog-friendly)' 길이다.

트레일은 붐비고 짧지만 훌륭하다. 몇 걸음만 내디뎌도 울창한 숲과 세찬 계곡 물소리에 금세 기분이 상쾌해진다. 바위틈을 휘감아 돌며 가파른 경사지를 따라 흘러 내리는 물은 소리만 들어도 삿되고 헛된 마음이 씻기는 것 같다. 시원한 계곡물에 발이라도 담그고 싶은 마음이 저절로 인다. 하지만 바위가 거칠고 이끼가 많아 미끄럽기 때문에 웬만하면 참는 게 좋겠다. 가끔씩 물에 쓸려 내려가거나 다치는 사람도 있는 모양인지 조심하라는 안내표지가 곳곳에 보인다.

그렇게 쉬엄쉬엄 15분쯤 올라가면 물소리는 천둥이라도 치는 듯 더욱 거세지고 마침내 웅장한 폭포가 눈앞에 펼쳐진다. 겨울에는 한참 떨어진 곳에서도 잘 보이지만 여름에는 숲에 가려 전모를 보려면 폭포 바로 밑에까지 가야 한다.

애나루비 폭포는 두 개의 물줄기가 합쳐지는 곳에 만들어진 쌍폭포다. 왼쪽은 커티스 크리크(Curtis Creek)에서 떨어지는 153피트(47m)짜리, 오른쪽은 요크 크리크(York Creek)에서 내려오는 50피트(15m) 높이의 폭포다. 이곳에서 합쳐진 물은 스미스 크리크(Smith Creek)로 이름을 바꿔 유니코이 호수에서 모였다가 다시 채터후치강으로 흘러 들어간다. 애틀랜타 한인들이 늘 보는 채터후치 강물이 이곳 폭포에서부터 흘러가는 셈이다.

미국에는 유명한 폭포가 많다. 뉴욕주 나이아가라 폭포나 오리건주 멀트노마 폭포 같은 곳들이다. 거기를 가 본 사람이면 겨우 이 정도 가지고 그러느냐 할 수도 있겠다. 하지만 상대적이다. 험한 산이 없는, 사방천지 평지인 미국 동남부에서 애나 루비만한 폭포도 찾기 드물다. 만약 한국에 있다면 설악산, 지리산의 그 어떤 폭포보다는 인기를 끌었을 것이다.

조지아 북부는 원래 체로키 인디언들의 터전이었다. 강과 계곡, 산 이름에 원주민 언어에서 유래된 이름이 유독 많은 이유다. 그런데 이 폭포는 뜻밖에도 여성 이름이다. 사연이 있다. 남북전쟁 때 남부 연합군 대령이었던 '캡틴' 제임스 H 니컬스라는 사람이 말을 타고 이 지역을 정찰하다가 멋진 폭포를 발견했다. 전쟁이 끝난 뒤 헬렌에 터를 잡은 그는 폭포 주변 지역을 구입한 뒤 애지중지하는 딸 이름을 따서 애나 루비 폭포라고 불렀다. 사랑하는 딸에게 준 아빠의 깜짝 선물이었다. 애나 루비는 두 아들과 아내를 먼저 잃은 그에게 유일하게 남은 딸이었다.

니컬스 사후 폭포 주변은 벌목회사에 팔렸다가 1925년 연방정부가 매입해 채터후치 국유림의 일부가 됐다. 헬렌 초입에 있는 하드맨 농장(Hardman Farm)은 니컬스 대령이 1870년에 지어 생전에 딸 애나 루비와 함께 살았던 곳으로 조지아 사적지로 지정돼 있다.

주소 | 폭포 방문자 센터: 3455 Anna Ruby Falls Rd., Helen, GA

애나루비 폭포는 유니코이 주립공원을 통해 들어가지만 주립공원은 아니어서 따로 입장료를 내야 한다. 1인당 5달러. 1년 입장권은 25달러. 폭포만 걷기 섭섭하다면 유니코이 호수 초입부터 스미스 크리크를 따라 올라가는 4마일 코스 등 다양한 트레일을 걸을 수 있다.

우당탕 콸콸 물길 따라 이어진 호젓한 숲길

12) 스위트 워터 크리크 주립공원
Sweetwater Creek State Park

걷기는 독서와 닮았다. 몸에, 삶에 유익한 줄은 알지만 실천이 쉽지 않다는 점이 그렇다. 시간이 없어서, 바빠서 등 핑계 대는 것도 비슷하다. 하지만 관심만 있다면 하루 20~30쪽 책 읽을 시간, 20~30분 걸을 시간 내지 못할 사람은 없다. 걷고는 싶은데 동네 가까운 곳이 밋밋해서 재미가 없다고? 그렇다면 조금만 나가 보자. 동네 공원 말고도 좋은 곳이 널렸다.

애틀랜타 서쪽 근교에 있는 스위트워터 크리크 주립공원도 그렇다. 처음 조지아 와서 걷기 좋은 하이킹 코스로 여기저기 검색했더니 빠지지 않는 곳도 여기였다. 위치는 애틀랜타 다운타운 서쪽 15마일 정도. I-20번 고속도로에서 내려 10분 정도면 닿는다. 공원 면적은 2549에이커, 1972년 주립공원이 됐다. 공원 이름은 공원 안을 관통해 흐르는 스위트워터 크리크라는 작은 강 이름을 그대로 가져왔다. 영어로 크리크(creek)는 강보다는 조금 작은 시내나 개울을 말한다. 영영사전엔 강(River)의 지류(tributary)라고 풀이되어 있다.

스위트워터 크리크는 애틀랜타 서쪽 폴딩 카운티(Paulding County)에서 발원한다. 동쪽의 캅(Cobb) 카운티를 거쳐 남으로 방향을 바꾼 뒤 더글러스(Douglas) 카운티에서 채터후치강과 합쳐진다. 총 길이는 45.6마일(73.4 km). 채터후치 강을 만나기 직전 일대가 모두 주립공원이다. 스위트워터라는 이름은 이 지역에 살았던 원주민 체로키 인디언의 추장 이름 아마카나스타(AmaKanasta)에서 유래했다. '달달한 물' 이란 뜻, 그걸 영어로 옮긴 것이다.

2022년 1월초 한국서 온 친구와 함께 이곳을 찾았다. 아침부터 구름이 잔뜩 끼었더니 공원에 당도할 즈음 결국 굵은 빗방울이 쏟아졌다. 그렇다고 그냥 돌아갈 수는 없는 노릇. 잠시 방문자센터로 들어가 비를 피하다가 우산을 받쳐 들고 트레일을 걷기 시작했다. 공원에는 레드, 화이트, 옐로 등 3개의 트레일이 있다. 레드 트레일은 개울물을 따라 이어지는 편도 1마일 코스다. 나들이 삼아 공원을 방문한 사람들이 가볍게 걷기에 안성맞춤이다. 평이한 길이지만 숲길과 물길이 조화롭게 엮여 있어 경관이 빼어나다. 트레일 끝에 있는, 남북전쟁 때 불타고 남은 방직공장 잔해가 구경거리다.

제대로 걸으려면 화이트 트레일이 좋다. 레드 트레일과 함께 시작하지만 숲속 깊이까지 더 들어가 방문자센터로 돌아오는 5.2마일 순환 트레일(loop)이다. 넉넉잡아 2시간 반에서 3시간 정도면 한 바퀴 돌 수 있다. 계곡과 개울, 급류, 호수, 풀밭, 농장

등 공원 구석구석을 지나기 때문에 제법 운동도 된다. 옐로 트레일은 그 중간 정도. 3 마일 순환 트레일인데 수천 년 동안 원주민들의 대피소였다는 큰 바위를 볼 수 있다. 각 트레일은 일정 거리마다 나무에 빨강, 하양, 노랑 색깔별로 구별 표시가 되어 있어 길을 잘못 들을 걱정은 안 해도 된다.

우리는 레드 트레일로 시작해 화이트 트레일로 들어가 2시간 남짓을 걸었다. 초반 부터 비가 거세게 쏟아졌다. 우산 위로 후두두둑 떨어지는 비 소리가 요란했지만 숲 은 오히려 적막했다. 간혹 비를 맞으며 뛰는 사람들이 보였다. 이렇게 비가 쏟아지 는데도 작정하고 나온 사람들 같았다. 미국 사람들 달리기 좋아하는 건 하여간 알 아줘야 한다. 트레일 옆 개울은 이미 큰 강처럼 물이 불어 있었다. 비는 계속 쏟아지 고 금세라도 트레일까지 물에 잠길 것 같았다. 그 옆을 바짝 붙어 걷자니 우르릉 콱 콱거리는 물소리가 문득 무서웠다. 18세기 실학자 연암 박지원이 쓴 연행기 '열하 일기'의 한 대목이 생각났다.

'강물은 두 산 사이에서 흘러 나와 돌에 부딪혀 싸우는 듯 뒤틀린다. 그 성난 물결, 노한 물줄기, 구슬픈 듯 굼실거리는 물갈래와 굽이쳐 돌며 뒤말리며 부르짖으며 고 함치는, 원망하는 듯한 여울은, 노상 장성(長城)을 뒤흔들어 쳐부술 기세가 있다.'

그렇게 15분 정도 걷다보니 폭격 맞은 듯 큼직한 건물 잔해가 나타났다. 1849년에 지었다는 5층 짜리 방직공장 터다. 뉴맨체스터 매뉴팩처링이라는 이름의 이 공장 은 남북전쟁 때인 1864년 북군의 공격으로 불에 타 잿더미가 됐다. 지금은 듬성듬 성 외벽만 앙상하게 남았고 주변에 철조망까지 둘러쳐져 있어 더 처연해 보였다. 조지아를 다녀보면 이렇게 남북전쟁의 상처들이 곳곳에 있다. 공장이 불타자 일하 던 종업원들은 가족과 함께 모두 켄터키나 인디애나로 강제 압송되었다고 한다. 패 자의 아픔은 동서고금 어디나 똑같다.

주소 | 1750 Mount Vernon Rd. Lithia Springs, GA 30122

공원 초입엔 호수만큼 큰 저수지가 있다. 풍광이 좋고 낚시도 즐길 수 있다는 말이다. 방문자센 터에선 간단한 기념품도 팔고 옛날 원주민들의 생활을 엿볼 수 있는 작은 전시 공간도 마련돼 있 다. 공원 내 온갖 새와 짐승들의 박제도 그런대로 구경거리가 된다. 입장료는 차 한 대 당 5달러.

모임 하기 좋은 곳, 혼자 걸으면 더 좋은 곳

13) 포트 야고 주립공원
Fort Yargo State Park

지난 2년여 동안 주립공원 찾는 사람이 크게 늘었다고 한다. 코로나 때문이었다. 멀리 여행 갈 수 없는 상황이 이어지면서 가까운 주변 명소로 눈을 돌렸다는 것이다. 주립공원의 재발견이다.

조지아에도 주립공원이 48개나 있다. 주 정부 관할 역사지구(Historic Site)도 15개나 된다. 모두가 한 번쯤 가볼 만한 곳들이다. 포트 야고 주립공원도 그중의 하나다.

포트 야고 주립공원은 와인더(Winder)라는 작은 도시에 있다. 와인더는 귀넷카운티에 인접한 배로카운티(Barrow County)의 행정 수도다. 한인들 많이 사는 둘루스나 스와니에서 비교적 가깝다. 둘루스 H마트에서 공원 방문자센터까지는 26마일, 동쪽으로 차로 40분 정도 거리다.

포트 야고는 18세기 말 조지아 북쪽에 정착한 백인들이 크리크족, 체로키족 같은 원주민 부족의 공격에 대비해 만든 여러 요새 중의 하나였다. 현재 공원의 랜드마크가 된 벽돌 통나무집이 그 중심이다. 1793년에 지어진(어떤 자료에는 1792년으로도 나온다) 이 집은 올드 포트 야고(Old Fort Yargo)로 불린다.

포트(Fort, 요새)라고 해서 대단한 군사 시설을 떠올리면 안 된다. 그저 바람이나 막고 야생 동물 침입이나 막을 수 있을 정도의 아담한 집 하나다. 향토사학자들 연구에 따르면 포트 야고는 18~19세기 개척민들 간의 교역 중심지였다. 영국과의 독립전쟁 이후 애팔래치안 산맥 너머로 영역을 넓혀가던 백인들의 전진기지 혹은 베이스 캠프 역할을 하던 장소였다는 말이다.

주인도 여러 번 바뀌었다. 처음 이곳을 개척한 사람은 조지 워싱턴 험프리라는 사람과 그 형제들이었다. 1810년에는 경매로 나온 포트 야고 일대 121에이커의 땅을 독립전쟁 참전 군인이었던 존 힐이라는 사람이 167달러에 매입해 한동안 살았다

고 한다. 포트 야고 공원 안에는 그의 가족묘지가 남아 있다.

20세기 들어와서는 여성단체 '미국 혁명의 딸들(Daughters of the American Revolution)'을 비롯한 여러 단체가 포트 야고 복원 및 보존에 힘을 쏟았다. 그런 노력들이 결실을 맺어 1954년 조지아 주립공원이 됐다. 지금 전체 공원은 1816에이커(7.35㎢)에 이르고 그중 호수 면적이 260에이커를 차지한다.

여느 주립공원이 다 그렇듯 포트 야고 역시 다양한 여가 활동을 할 수 있는 시설이 두루 갖춰져 있다. 호수가 있으니 낚시나 뱃놀이는 기본이다. 넓은 모래사장이 있어 수영도 즐길 수 있다. 호수 주변으로 대형 셸터와 그늘막이 있어 야외 결혼식이나 모임 장소로도 인기가 높다. 한인교회나 동창회 등의 야외 행사도 자주 치러진다. 캠핑장은 물론 RV나 트레일러를 댈 수 있는 사이트도 많다.

공원 안내문에는 글램핑을 즐길 수 있도록 데크와 가구, 전기 시설, 야외 그릴 등을 갖춘 유르트(yurt, 천막 텐트)가 6개 있다고 소개돼 있다. 글램핑이란 글래머러스(Glamorous)와 캠핑(Camping)의 합성어인데, 캠핑 장비나 시설이 이미 갖춰진 곳에서 하는 캠핑을 말한다. 일반 캠핑은 이것저것 준비해야 할 것 많고, 가서도 텐트 치기 등 고생스러운 면이 없지 않다. 그게 귀찮은 사람들을 겨냥해 좀 더 편하게, 우아하게 캠핑을 즐길 수 있도록 한 것이 글램핑이다. 자연으로 돌아가고는 싶고, 고생하는 것은 싫고, 사람의 심리가 묘하다.

포트야고 숲길을 걷다보면 만나는 디스크 골프장도 눈길을 끈다. 원반 골프라고도 불리는 디스크 골프는 이름 그대로 골프공 대신 원반(디스크)을 가지고 하는 골프다. 골프채 대신 직접 손으로, 홀에 공을 넣는 대신 바구니 형태의 디스크 캐처(Disc Catcher)에 원반을 넣는 것이 차이다. 거창한 시설 공사도 필요 없다. 있는 그대로의 자연 지형지물에 티패드(Tee Pad:홀 시작점)와 디스크 골프 캐처만 설치하면 된다.

조지아서 만난 한인 목사님 중에 디스크 골프를 열심히 즐긴다는 분이 있었다. 골프와 달리 돈 안 들고, 예약 스트레스 안 받고, 운동 되고, 장로님들과 함께 가면 대화도 잘 된다는게 이유였다. 이번에 포트 야고를 걷다가 어떤 백인 부부가 아이들과 함께 왁자하게 디스크 골프에 열중하는 것을 직접 보았는데, 목사님의 말씀이 맞구나 싶었다.

포트 야고의 가장 큰 매력은 그래도 하이킹이다. 호수 따라 이어지는 트레일이 환상적이다. 가장 인기 있는 코스는 통나무집 부근에서 시작하는 워킹 트레일(Walking Trail)이고, 이어지는 레크리에이셔널 트레일(Recreational Trail:7마일)을 따라 호수를 한 바퀴 도는 길도 많이 걷는다. 쉴 새 없이 지즐대는 새소리를 음악 삼아 걷는 맛은 어떤 즐거움보다 크다. 가끔은 트레일을 가로막고 있는 거북을 만나기도 한다. 거북도 물에 사는 녀석, 산에 사는 녀석 등 종류가 많아 일일이 분간은 못 하겠지만 아무튼 반갑고 신기하다. 중간중간 낚시꾼을 만나면 얼마나 고기를 잡았는지 물어보고 바구니를 들여다보는 재미도 있다.

자전거를 좋아한다면 조금 더 깊은 숲에 있는 마운틴바이크 트레일(Mountain Bike Trail)에 도전해 보는 것도 좋겠다. 전체 길이가 12.5마일에 이르는데 꼬불꼬불 커브가 많아 난이도가 높은 코스로 꼽힌다. 자전거 전용 트레일이 따로 있지만, 간간이 하이킹 트레일과 겹치는 부분도 있다. 동호인들이 몇 대씩 한꺼번에 다니는 경우가 많은데 그때는 조심해야 한다.

나도 몇 년 열심히 산악자전거를 탔던 적이 있었다. 그러다 비탈길에서 고꾸라져 팔이 부러지는 사고를 당한 후 중단했다. 지금도 신나게 페달을 밟는 사람들을 보면 가슴이 뛰고 다리가 근질거린다. 하지만 아내가 강력히(?) 말린다. "자전거는 그만하면 됐어요. 대신 열심히 걷고 있잖아요."

훌륭하신 인생 선배들도 충고한다. "가화만사성, 여자 말을 잘 들어야 집안이 편한 법이거늘…." 나는 선배님들 말씀을 경청해 아내의 의견에 순종하고 있다.

걷기는 자전거를 중단한 이후 나에겐 중요한 주말 일상이 됐다. 누군가와 함께할 때도 있지만 별다른 약속 없으면 혼자서도 잘 걷는다. 심심하지 않으냐는 질문도 받지만 혼자 걷기의 좋은 점이 의외로 많다. 가장 큰 장점은 내 마음대로 시간, 속도, 장소를 정할 수 있다는 것이다.

땀 좀 흘려야겠다 싶으면 이마에, 등에 송골송골 땀 맺힐 때까지 강도 높게 걸으면 된다. 주변 풍경 감상하며, 노래라도 나직이 흥얼거리며 미음완보(微吟緩步)할 때도 있다. 예쁜 꽃 만나면 쪼그려 앉아 꽃구경도 하고, 우람찬 나무 보이면 우두커니 그 곁에 한참 서 있어도 아무도 보채거나 재촉하지 않는다. 그렇게 완전한 자유를 만끽하는 것이다.

좋아한다는 것은 다른 것에 우선해 시간을 할애하는 것이다. 나도 주중 주말 할 것 없이 바쁘다는 말을 입에 달고 산다. 그럼에도 걷느라 보내는 시간은 하나도 아깝지 않다. 그만큼 걷기를 좋아한다는 말일 것이다.

주소 | 210 South Broad Street, Winder GA 30680

하이킹은 보통 방문자센터를 먼저 둘러보고 조금 걸어 올드 포트 야고 통나무 벽돌집을 구경한 뒤 시작하면 된다. 공원 입장료(주차료) 차 1대당 5달러.

가장 높은 주립공원…가장 예쁜 트레일

14) 블랙 락 마운틴 주립공원
Black Rock Mountain State Park

꼭 한번 가보고 싶었다. 조지아에서 가장 높은 곳에 있는 주립공원이라고 해서다. 블랙 락 마운틴(Black Rock Mountain)이다. 하지만 정작 해발 높이는 3640피트(1109m)밖에 안 된다. 4000피트 이상인 산만 27개인 조지아에서 명함도 못 내밀 산이다. 그럼에도 조지아의 명산 목록에서 빠지지 않는다. 왜일까.

가장 높은 주립공원이라는 점 외에도 조지아에서 가장 아름다운 트레일을 갖고 있어서라고 한다. 정말 그럴까. 직접 가서 보고, 몇 시간을 걸어 보고서야 헛말이 아님을 알았다.

산 전체가 주립공원인 이 산은 조지아주 북동쪽 맨 끝 레이번 카운티(Rabun County)에 있다. 레이번 카운티는 블루리지 산맥 자락의 전형적인 산악지대다. 노스캐롤라이나와 사우스캐롤라이나와 맞닿아 있다. 4000피트(1200m)가 넘는 봉우리가 8개나 있고 3000~4000피트 봉우리도 60개가 넘는다. 그중 레이번 볼드(Rabun Bald, 4696피트)와 딕스 납(Dick's Knob, 4620피트)은 조지아에서 두 번째, 세 번째로 높은 산이다. 조지아 최고봉은 전에 소개한 적이 있는 브래스타운 볼드(Brasstown Bald, 4784피트)다. 레이번 카운티에서도 멀지 않다.

레이번 카운티는 조지아에서 가장 비가 많이 내리는 지역으로도 유명하다. 연평균 강우량이 1800mm(70인치) 이상이고 100인치 넘게 내릴 때도 자주 있다. 카운티 중심은 클레이턴(Clayton)이라는 작은 도시다. 블랙 락 마운틴 입구에서 불과

3마일 거리다. 2020년 센서스 결과 상주 인구는 2000명 정도지만 조지아 북부 레저 관광 여행의 관문이어서 연중 방문객이 이어진다. 이번 산행 때 보니 산골 마을이지만 도시를 가로지르는 US-23(Hwy 441) 도로 따라 호텔도 있고 주유소도 있고 맥도널드, 버거킹, 칙필에이 같은 패스트푸드점도 꽤 있어 제법 번화했다.

산행에 앞서 이곳에서 차에 기름을 채우고 버거킹에 들러 간단히 아침을 했다. 매장 안은 동네 사랑방인 듯 초로의 백인 아저씨들이 아침부터 떠들썩하게 담소하는 모습이 영화의 한 장면 같았다. 조지아 외곽이 그렇듯 이곳도 보수적인 분위기가 역력한 곳이다. 어떤 식당 앞에는 남북전쟁 때의 남부연합 깃발이 당당하게 걸려 있었다. 낙선하고 떠난 트럼프 지지 현수막이 여전히 내걸려있는 집도 보았다. 주요 선거 때마다 7 대 3 정도로 공화당 몰표가 쏟아지는 곳도 레이번 카운티다.

블랙 락 마운틴이라는 이름은 정상 부근 흑운모(biotite) 바위 절벽의 검은 색에서 유래했다. 우리말로 검은 돌산, 한자로 옮기면 흑암산(黑巖山) 정도 되겠다.

이 산이 조지아 명산이 된 이유, 첫째는 탁월한 전망이다. 방문자 센터에서 내려다보는 경치부터 장난이 아니다. 기념품 가게를 겸한 방문자 센

터는 거의 산 정상 지점에 있다. 차로도 올라갈 수 있어 몇 걸음 걷지 않고도 멋진 풍광을 즐길 수 있다. 아득히 발아래로 클레이턴 시가지도 보이고, 안개도 보이고, 구름도 보이고, 파도처럼 너울거리는 블루리지 산맥의 여러 봉우리도 다 보인다. 다소 과장되긴 하지만 미국 사람 표현대로 입이 쩍 벌어지고(make your jaw drop), 숨이 턱 막히는 전망(breathtaking views)이다.

이 산이 동부 대륙 분기점(Eastern Continental Divide)이라는 것도 흥미롭다. 대륙 분기점이란 빗물 흘러가는 방향이 완전히 바뀌는 지점을 말한다. 미국에서 가장 유명한 대륙 분기점은 콜로라도주 로키마운틴 국립공원 내 트레일릿지로드(Trail Ridge Road)에 있다. 트레일릿지 로드는 최고 1만2183피트까지 올라가는, 하늘길이라 불리는 미국에서 가장 높은 34번 국도(US 34)의 일부다. 이곳을 기준으로 로키마운틴의 동쪽 물은 태평양으로, 서쪽은 대서양(걸프만)으로 흘러간다. 그 정도로 높지는 않지만 이곳 블랙 락 마운틴 동부 대륙분기점도 대단은 하다. 이곳을 기준으로 동쪽에 내린 비는 버지니아, 캐롤라이나를 거쳐 대서양으로, 서쪽에 내린 빗물은 서남쪽으로 흘러 멕시코만으로 들어간다. 방문자센터 앞으로 이어진 길을 따라 차로 조금 더 들어가면 분기점 팻말을 볼 수 있다.

그러나 뭐니 뭐니 해도 블랙 락 마운틴을 가장 유명하게 만든 것은 역시 빼어난 하이킹 트레일이다. 대표적 하이킹 코스는 제임스 E. 에드먼드 트레일과 테네시 락 트레일 두 곳이다. 하이킹 시작 지점(trailhead)도 같은 곳에 있다. 방문자센터에서 조금 내려온 길가에 20여대 차를 댈 수 있는 공간이 있어 찾기 쉽다.

제임스 E. 에드먼드 트레일은 7.2마일 순환코스로 3시간 반~4시간 정도 길이다. 블랙 락 마운틴 최초의 공원 관리자 이름을 트레일 이름으로 삼았다. 오르내림이 반복되고 가파른 비탈도 많아 난이도가 제법 있는 트레일이다. 이번엔 걷지 못했지만 기회가 되면 가 볼 생각이다.

2.2마일 순환 트레일인 테네시 락 트레일(Tennessee Rock Trail)은 조지아에서 가장 아름다운 트레일로 꼽힌다. 빽빽한 숲과 나무, 사철 피는 야생화 등으로 방문객들에게 가장 인기 있는 길이기도 하다. 넉넉잡아 1시간 반이면 한 바퀴 돌 수 있다. 직접 걸어보니 어디선가 곰이라도 튀어나올 듯 고목이 많고 숲도 울창하다. 요즘 같은 6월은 온몸에 초록 물이 흠뻑 배어들지 않을까 싶을 정도로 온통 초록이다. 산정 부근에 있는 전망대에선 그레이트 스모키 마운틴 국립공원과, 노스캐롤라이나 접경의 테네시주 최고봉 클링먼스돔(Clingman's Dome)까지 아스라하게 보인다. 블랙 락 마운틴에서 가장 높은 지점(3640피트,1109m)도 이 트레일에 있다. 뾰족한 봉우리가 아닌 밋밋한 길가여서 여기가 최정상인가 싶지만, 표지석이 세워져 있어 인증샷은 남길 수 있다.

이 두 트레일 말고 좀 더 가볍게 걸을 수 있는 트레일도 몇 개 있다. 그 중 애다-하이 폭포(Ada-hi Falls)는 한 시간 안쪽으로 다녀올 수 있는 코스다. 위 두 트레일 시작점에서 반대편 숲길로 들어가 캠핑장 옆길로 조금 더 내려가면 나온다. 가파른 계단도 있고 끝에 가면 바위 계곡도 있다. 폭포라고는 하지만 물은 많지 않고 바위 위로 방울방울 떨어지는 정도다. 큰 기대 없이 간다면 그런대로 괜찮다.

블랙 락 호수(Black Rock Lake)를 한 바퀴 도는 코스도 있다. 방문자센터에서 조금 내려가다 테일러스 채플 로드(Taylors Chapel Rd.)로 좌회전해 1마일 남짓 내려가면 호수가 나온다. 비포장 도로 옆에 있는 호수는 둘레가 1마일이 채 안 되고 거의 평지라 산책하듯 가볍게 걸을 수 있다. 호수엔 잉어, 농어, 메기, 송어 등이 있다고 안내판에 쓰여 있다. 물오리 한 쌍이 둥둥 떠다니는 물가에서 한가로이 세월을 낚고 있는 낚시꾼들 모습이 평화로웠다.

그렇게 땀 흘려 걷기도 하고, 조용히 산책도 하며 서너 시간을 보냈다. 하지만 주립공원은 한나절 걷고만 오기에는 아까운 곳이다. 블랙 락 마운틴만 해도 캠핑 사이트도 많고 별장 같은 집(cottage)도 10채나 있다. 예약할 수만 있다면 휴가철 이런 곳에 자리 잡고 2~3일 묵는다면 훨씬 좋을 것 같다. 15~20마일 거리에 탈룰라 폭포(Tallulah Falls), 라번 호수(Lake Rabun), 버턴 호수(Lake Burton) 등 조지아 명소도 많다.

주소 | 3085 Black Rock Mountain Parkway, Mountain City, GA 30562

공원 방문자센터까지 둘루스 H마트에서 90여마일, 1시간 40분 정도 거리다. I-85, I-985, US23(441번)를 타고 가다 클레이턴 지나 3마일 정도에서 블랙 락 마운틴 파크웨이(Black Rock Mountain Pkwy)로 좌회전해 올라가면 된다. 입장료(주차료) 5달러.

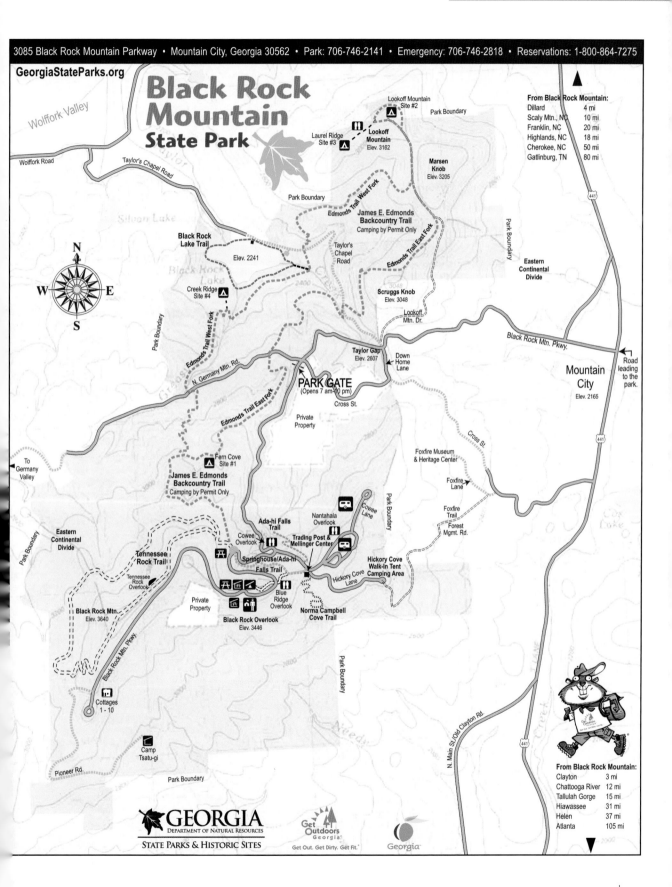

3085 Black Rock Mountain Parkway • Mountain City, Georgia 30562 • Park: 706-746-2141 • Emergency: 706-746-2818 • Reservations: 1-800-864-7275

GeorgiaStateParks.org

Black Rock Mountain
State Park

From Black Rock Mountain:

Dillard	4 mi
Scaly Mtn., NC	10 mi
Franklin, NC	20 mi
Highlands, NC	18 mi
Cherokee, NC	50 mi
Gatlinburg, TN	80 mi

Wolffork Valley

Wolffork Road

Taylor's Chapel Road

Lookoff Mountain Site #2

Park Boundary

Laurel Ridge Site #3

Lookoff Mountain Elev. 3162

Marsen Knob Elev. 3205

Park Boundary

Park Boundary

Edmonds Trail West Fork

James E. Edmonds Backcountry Trail
Camping by Permit Only

Silvan Lake

Black Rock Lake Trail
Elev. 2241

Taylor's Chapel Road

Edmonds Trail East Fork

Park Boundary

Eastern Continental Divide

Creek Ridge Site #4

Scruggs Knob Elev. 3048

Lookoff Mtn. Dr.

Edmonds Trail West Fork

N. Germany Mtn. Rd.

Taylor Gap Elev. 2607

Down Home Lane

Black Rock Mtn. Pkwy.

Mountain City Elev. 2165

Road leading to the park.

PARK GATE
(Opens 7 am-10 pm)

Cross St.

Edmonds Trail East Fork

Private Property

Cross St.

To Germany Valley

Fern Cove Site #1

James E. Edmonds Backcountry Trail
Camping by Permit Only

Foxfire Museum & Heritage Center

Foxfire Lane

Foxfire Trail

Forest Mgmt. Rd.

Cowee Lane

Park Boundary

Cox Lake

Ada-hi Falls Trail

Nantahala Overlook

Cowee Overlook

Trading Post & Mellinger Center

Eastern Continental Divide

Tennessee Rock Trail

Springhouse/Ada-hi Falls Trail

Hickory Cove Walk-In Tent Camping Area

Tennessee Rock Overlook

Hickory Cove Lane

Private Property

Blue Ridge Overlook

Park Boundary

Black Rock Mtn. Elev. 3640

Black Rock Overlook Elev. 3446

Norma Campbell Cove Trail

Black Rock Mtn. Pkwy.

Cottages 1 - 10

Park Boundary

Camp Tsatu-gi

N. Main St./Old Clayton Rd.

Pioneer Rd.

Park Boundary

From Black Rock Mountain:

Clayton	3 mi
Chattooga River	12 mi
Tallulah Gorge	15 mi
Hiawassee	31 mi
Helen	37 mi
Atlanta	105 mi

GEORGIA
DEPARTMENT OF NATURAL RESOURCES
STATE PARKS & HISTORIC SITES

Get Outdoors Georgia
Get Out. Get Dirty. Get Fit.

Georgia

깊은 골 푸른 물…설악산 계곡 옮겨 놓은 듯
15) 탈룰라 협곡 주립공원
Tallulah Gorge State Park

52년 전이다. 1970년 7월 18일, 한 남자가 탈룰라 협곡을 가로질러 놓인 쇠줄 위를 걷고 있었다. 쇠줄의 길이는 약 1000피트. 750피트 아래엔 아찔한 급류가 흐르고, 이날 따라 계곡 바람도 거셌다. 남자는 양손에 받쳐 든 장대로 균형을 잃지 않으려 안간힘을 썼다. 그러면서 한 걸음 한걸음 조심스럽게 발을 내디뎠다. 조금이라도 삐끗하면 목숨을 잃을 상황, 수많은 관중이 숨죽이며 그의 발걸음을 지켜봤다.

가운데쯤 왔을까, 남자는 걸음을 멈추고 물구나무를 섰다. 예상치 못한 행동이었다. 관중들은 환호했다. 다시 내딛기 시작한 발걸음. 갑자기 돌풍이 불었다. 순간 남자의 몸이 비틀했지만 금세 중심을 잡았다. 사람들은 가슴을 쓸어내렸다. 마침내 남자의 발이 협곡 건너편에 닿았다. 환호와 박수가 우레처럼 쏟아졌다. 약 17분 여에 걸친, 541걸음의 성취였다. 주인공은 65세, 카를 월렌다(Karl Wallenda)라는 고공 줄타기 서커스 스타였다.

다음날 애틀랜타 최대 일간지 AJC(The Atlanta Journal-Constitution)는 1면 톱기사로 이날 일을 대서특필했다. 협곡을 건너는 월렌다의 사진도 큼지막하게 실렸다. 월렌다는 전국적 명사가 됐다. 탈룰라 협곡도 다시 주목받으며 누구나 한 번쯤 가보고 싶어 하는 조지아 최고 명소가 됐다. (카를 월렌다는 8년 뒤인 1978년 12층 호텔 빌딩을 잇는 쇠줄 위를 같은 방식으로 건너다 떨어져 사망했다. 73세 때, 푸에르토리코에서였다. 가업이었던 고공 줄타기는 현재 그의 증손자가 이어가고 있다.)

탈룰라 협곡은 원래 유명 관광지였다. 깊은 골짜기와 장엄한 폭포가 만들어낸 경치로 19세기 때부터 부유층들이 즐겨 찾는 휴양지로 명성을 누렸다. 1882년엔 이 지역을 연결하는 철도까지 개설됐다. 관광객은 폭발적으로 늘었다. 하지만 애틀랜타시에 전력 공급을 위한 댐 건설이 추진되면서 상황이 달라졌다.

환경보호 운동가들의 맹렬한 반대 속에도 공사는 계속됐고, 결국 1913년 댐이 완공됐다. 덕분에 큰 호수가 생겼지만 물길이 막히면서 폭포는 본래 모습을 잃었다. 설상가상으로 1921년 대화재로 호텔을 비롯한 위락시설마저 불탔다. 관광객 발길은 줄어 들고 협곡의 명성은 잊혀져갔다. 관광객을 다시 불러 모으려는 노력이 이어졌다. 1933년엔 주립공원으로도 지정됐다. 하지만 한 번 돌아선 발길을 되돌리기가 쉽지는 않았다. 카를 월렌다의 줄타기는 그즈음에 벌어진 획기적 이벤트였다. 이후 탈룰라 협곡은 할리우드 영화 촬영지로도 자주 등장했다. 이 또한 옛 명성 회복에 도움이 됐다. 지금 탈룰라 협곡은 조지아에서 가장 붐비는 주립공원이 됐다.

주립공원은 어디나 걷기에 좋다. 하지만 걸어보면 대개는 느낌이 비슷하다. 지형도 비슷하고 나무도 비슷하고, 호수가 있다는 것과 트레일 모양까지 다 비슷하다. 하지만 탈룰라 협곡은 달랐다. "아, 조지아에도 이런 곳이 있구나." 2021년 가을 처음 이곳을 찾았을 때 이런 감탄사가 저절로 나왔다. 심산유곡(深山幽谷), 깊은 산 깊은 골짜기였다. 마치 설악산이나 오대산의 어느 한 계곡에 온 것 같았다. 북적이는 인파도, 가파른 계단을 오르다 반쯤 녹초가 된 사람들의 즐거운 비명조차도 신나는 경험이었다.

늦가을이면 탈룰라 협곡은 조지아 최고의 단풍 명소가 된다. 물론 여름에도 기대를 저버리지 않는다. 2022년 6월 다시 찾은 탈룰라 협곡도 여전히 산색이 아름답고 물도 맑았다. 신선과 학이 깃들어 노닐만한 동양화 속 풍경이었다. 이런 지형은 조지아에서는 보기 드물다. 영어로 고지(Gorge)라고 하는데, 캐년과 비슷하지만 뉘앙스가 다르다. 둘 다 협곡(峽谷)으로 번역되지만 고지는 캐년보다는 좁고 규모도 작다. 캐년이 주로 사막이나 건조한 지형에 있는 계곡이라면 고지는 산악 지대에 있다. 고지는 골짜기 양쪽이 가파른 암벽이고 그 아래로 물길이 있다는 것도 차이다.

탈룰라 고지는 깊은 곳이 1000피트(300m)에 이른다. 바닥으로는 강이 흐른다. 수십만 년, 수백만 년 바위를 쓸고 깎아내며 협곡을 만들어 낸 탈룰라강이다. 강물은 1마일 정도 구간에 500피트 이상 낙차를 보이며 5개의 폭포를 만들었다. 라도르(Ladore), 템페스타(Tempesta), 허리케인(Hurricane), 오세아나(Oceana), 브라이들 베일(Bridal Veil) 등으로 불리는 폭포들이다.

댐이 들어서기 전에는 폭포에서 부서지며 떨어지며 물소리가 '남부의 나이아가라'라고 할 정도로 우렁차고 장엄했다고 한다. 탈룰라라는 지명도 폭포 물을 가리키는 '튀어 오르는 물(leaping water)'이라는 뜻의 원주민 단어다.

댐은 1년에 몇 차례 수문을 열어 물을 흘려보낸다. 매년 4월, 첫 두 주 주말과 11월 첫 세 주 주말 동안이다. 이때는 전국에서 찾아오는 카약, 래프팅 애호가들로 문전성시를 이룬다. 불어난 폭포와 급류를 즐기려는 사람들, 옛 폭포의 장관을 구경하려는 사람들이다. 조지아의 여러 관광 안내서엔 이 기간을 놓치지 말라고 다투어 홍보하고 있다.

탈룰라 협곡은 하이킹 코스로도 손색이 없다. 가장 인기 있는 트레일은 노스림에서 허리케인 폭포까지 내려갔다가 사우스림 쪽으로 올라가 공원을 한 바퀴 돌아오는 코스(Norrth & South Rim Trails)다. 전체 3마일 거리로 1시간 30분에서 2시간 정도면 넉넉하다. 하지만 1000개 가까운 가파른 계단을 오르내려야 하는 '지옥 훈련' 코스도 있다. 땀 한 바가지는 쏟아야 할 각오는 해야 한다.

자신이 없다면 허리케인 폭포 위 출렁다리(Suspension Bridge)까지만 갔다 와도 협곡의 맛은 그런대로 즐길 수 있다. 아예 내려가지 않고 노스림 끝부분 전망대까지만 다녀오는 트레일도 있다. 오세아나 폭포와 브라이들 베일 폭포를 볼 수 있는 노스림 전망대는 1970년 카를 월렌다가 줄타기 묘기를 펼쳐 보였던 바로 그곳이다.

탈룰라 협곡 위, 441번 도로 건너편에 있는 테로라 지역(Terrora Day Use Area)도 좋다. 댐으로 생긴 호수 주변 지역인데 여름엔 물놀이를 즐길 수 있고, 가을엔 단풍놀이 나온 사람들로 북적인다. 그밖에 고지 플로어 트레일(Gorge Floor Trail, 2.5마일), 스톤플레이스 트레일(Stoneplace Trail, 10마일) 등 전문 하이커들을 위한 트레일도 있다. 이곳은 모두 자연보호 명목으로 하루 100명 이내로 입장을 제한하기 때문에 방문자 센터에서 따로 허가를 받아야 한다.

주차장은 제인 허트 얀 인터프리티브 센터(Jane Hurt Yarn Interpretive Center)라는 긴 이름의 방문자센터 주변으로 넉넉하다. 센터 안엔 탈룰라 협곡의 역사와 댐 건설 과정, 주립공원 내 야생 생태와 동식물 박제 등이 정성스럽게 전시되어 있어 둘러볼 만하다.

주소 | 338 Jane Hurt Yarn Rd, Tallulah Falls, GA 30573

탈룰라 협곡은 조지아 동북쪽 레이번카운티 초입, 탈룰라폴스(Tallulah Falls, GA)라는 동네에 있다. 중앙앙일보 둘루스 기점으로 75마일, 1시간 30분 정도 거리다. I-85와 I-985, US23(441번 도로)를 타고 계속 올라가다 탈룰라폴스에 이르면 길 오른쪽으로 공원 입구 표지판이 나온다.

애틀랜타 살면 한 번은 가봐야 할 '조지아 최고봉'

16) 브래스타운 볼드
National Wilderness

미국은 큰 나라다. 풍습 다르고 지리 다른 50개 주가 모여 연방 국가를 이뤘다. 50 개 주엔 저마다 가장 높은 산이 있다. 그 산을 모조리 다녀온 사람이 있다. LA 사는 산악인 김평식씨다. 여러 산악회장을 많이 해서 LA 산악인들 사이에선 왕회장으로 통한다. 그는 그냥 다니기만 한 게 아니다. 일일이 기록을 남겼다. 그 기록을 정리해 미주중앙일보에 오랫동안 연재하며 한인들에게 등산과 여행의 즐거움을 일깨웠다. 나중엔 그것을 묶어 책으로도 냈다. '미국 50개 주 최고봉에 서다(2009, 포북 출판사)'가 그것이다.

여행 다니기 좋아하는 내가 최근 10년 동안 가장 많이 들춰본 여행 책을 꼽으라면 단연 이 책이다. 덕분에 나도 미국 구석구석 꽤 다녔다. 책에 소개된 곳, 저자가 가본 곳을 나도 한 번씩은 가보고 싶어서였다.

김평식 회장은 1940년생, 팔순을 훌쩍 넘겼다. 나와는 20년 이상 나이 차가 있지만 '친구' 같은 어르신이다. 2021년 4월이었다. 김 회장이 LA 떠나 애틀랜타로 간 '친구' 보겠다며 조지아를 방문했다. 반가운 해후 끝에 의기투합해 책에 소개된 조지아 최고봉을 함께 찾아갔다. 한국 사람이라면 한반도 최고봉 백두산을 동경하듯, 아니면 남한 최고봉 한라산이라도 가 보고 싶어 하듯, 조지아 살면 누구나 한 번은 꼭 가보고 싶어 한다는 최고봉, 브래스타운 볼드다.

지난해 갔을 때는 날이 몹시 궂었다. 4월인데도 비가 오고 산정에는 진눈깨비까지 날렸다. 전망대에 올라가서도 안개 때문에 아무것도 보지 못했다. 많이 아쉬웠고

오래도록 미련이 남았다. 그 아쉬움을 씻으려 2022년 봄 다시 찾아갔다. 이번엔 혼자였다. 날씨도 좋았다.

브래스타운 볼드(Brasstown Bald)는 해발 4784피트(1458m)다. 브래스타운은 지명이고 '볼드'는 360도 시야를 방해하는 것이 아무것도 없는 탁 트인 산꼭대기를 말한다. 브래스타운의 브래스는 황동이란 뜻이다. 금관악기 합주단 '브라스밴드' 할 때의 바로 그 단어다. 원래 이 지역은 원주민 체로키 인디언들이 늘 푸른 나무가 많은 땅이라 해서 '초록의 땅(Green Place)'이라 불렸다. 하지만 백인 이주민들은 비슷한 발음의 다른 말로 알아들었다. 그게 황동이란 단어였다. 백인들은 이곳에 정착하면서 마을 이름을 황동 마을, 브래스타운이라 불렀다. 조지아 북부 산동네에 뜬금없이 황동 마을이 탄생한 배경이다.

유사한 사례는 또 있다. 조지아에 가장 흔한 지명인 피치트리(peach tree)가 그것이다. 남북전쟁 때 격전지였던 피치트리 크리크(Peachtree Creek)라는 이름이 발단이다. 그 지역은 소나무 군락지였다. 끈끈한 송진(pitch)이 많이 났다. 체로키 부족은 '서 있는 피치트리(Standing Pitchtree)'라는 뜻의 말로 그 곳을 불렀다. 이게 잘못 전달되면서 비슷한 발음의 복숭아 나무 피치트리(peach tree)로 둔갑했다. 이후 조지아의 길, 땅, 개울 곳곳에 피치트리라는 이름이 붙었다. 조지아주 별명까지 피치 스테이트(Peach State)가 됐다. (조지아가 주요 복숭아 산지이긴 하지만 미국 최대 복숭아 생산지는 캘리포니아주다. 그 뒤를 사우스캐롤라이나, 뉴저지가 따르고 조지아는 그 다음이다.)

이야기가 옆길로 샜다. 다시 산 이야기로 돌아가자. 브래스타운은 4700피트가 넘는 조지아 최고봉이지만 걸어 올라가는 사람은 많지 않다. 전망대까지 길이 잘 나 있어서 차로 턱밑까지 올라갈 수 있어서다.

차에 앉아 편히 간다고 쭈뼛댈 것 없다. 가는 길은 조지아에서 손꼽히는 드라이브 코스다. 그것만으로도 먼 길 나온 보람이 있다. 특히 연방 공원관리국이 야생 보호구역(Wilderness)으로 지정 관리하고 있는 브래스타운 볼드 주변은 빼어난 산세뿐 아니라 전형적인 남부 시골의 소박함과 평화로움까지 선사한다. 조지아주도 그것을 자랑하고 싶은지 곳곳에 '시닉 바이웨이(Scenic Byway)'라는 표지판을 세워 놓았다.

브래스타운 볼드 방문자센터로 올라가는 마지막 2마일은 몹시 가파르고 꼬불꼬불하다. 조심조심 차를 몰아 끝까지 올라가면 매표소가 나오고 200~300대는 충분히 댈 수 있는 넓은 주차장이 펼쳐진다. 주차장 주변으로 화장실과 기념품 가게가 있고 야외 피크닉 테이블도 곳곳에 있다. 한나절 소풍 나오기에 좋겠다 싶다. 전 조지아주 대법관 토머스 S. 캔들러(Thomas S. Candler:1890~1971) 추모비도 눈길을 끈다. 캔들러는 브래스타운 볼드를 알리기 위해 헌신한 사람이라고 한다.

주차장에서 전망대까지는 15인승 쯤 되는 셔틀버스가 다닌다. 방문객 대부분은 셔틀버스를 타고 올라간다. 걷는 사람도 적지 않다. 기념품 가게 옆에서 전망대까지 이어지는 서밋 트레일(Summit Trail)을 통하면 15~20분이면 올라간다. 나는 김회장과 왔을 땐 셔틀버스를 탔지만 이번에는 걸었다. 많이 가파르긴 했지만 길이가 0.6마일밖에 안 되는 짧은 길이었다. 걷기 편하게 포장도 되어 있고 중간중간 식물도감 같은 안내판도 있어 읽어가며 걷다 보니 어느새 전망대가 나타났다. 좀 더 제대로 등산을 하고 싶다면 아예 산 아랫마을 영 해리스(Young Harris)에서 시작되는 왜건 트레인 트레일(Wagon Train Trail)을 따라 올라가면 된다. 정상까지는 편도 7마일, 왕복 6시간 이상 걸리는 길이다. 이 길은 1950년대 죄수들의 노동으로 만들어졌다고 한다. 마차가 다닐 수 있을 만큼 넓지만 지금은 등산객과 말만 통행이 허용된다.

전망대는 조지아 최고봉답게 위풍당당하다. 사방팔방 막힘이 없다. 애팔래치안 산맥 너머 멀리 북쪽, 동쪽으로 테네시, 노스캐롤라이나, 사우스캐롤라이나 주가 한눈에 들어온다. 가까이는 하이아와시(Haiawassee) 마을 채투지 호수(Chatuge Lake)가 만들어 내는 경치가 한 폭의 그림이다. 채투지 호수는 1942년 댐이 생기면서 만들어진 인공호수다.

남쪽, 서쪽으로는 조지아의 크고 높은 봉우리들이 줄지어 늘어서 있다. 앞에서 소개했던 요나마운틴도 뚜렷이 보인다. 전망대 위로 우뚝 솟은 타워는 기상 관측과 산불감시를 위한 시설이라는데 작년에도, 올해도 굳게 잠겨 있었다. 직접 올라가 보진 못했지만 사진 배경으로는 훌륭했다.

최고봉 전망을 실컷 즐긴 다음엔 1층 방문자센터 전시관도 꼭 둘러봐야 한다.

원주민 체로키 부족의 역사와 생활, 야생동물 박제, 19세기 벌목 현장을 누비던 기관차 등이 볼 만하다.

다시 미국 50개 주 최고봉 이야기다. 기회 되면 한 번씩 가 보는 것도 의미 있겠다 싶어 몇 곳만 적어둔다.

▶알래스카 최고봉은 **마운트 드날리(Denali)**다. 미국 전체에서 가장 높은 산이다. 전에는 매킨리였지만 원주민의 오랜 청원을 받아들여 2015년부터 드날리가 됐다. 매킨리는 등산을 좋아했던 미국의 25대 대통령 이름이고 드날리는 '신성하다, 위대하다'는 뜻의 알래스카 원주민 단어다. 해발 20,320피트(6194m).

▶캘리포니아 최고봉은 **마운트 휘트니(Mt. Whitney)**다. 해발 14,505피트(4421m). 하와이, 알래스카를 뺀 미국 본토에서 가장 높은 산이다. 히말라야나 남미 고봉 등정을 계획하는 사람들의 고지 적응훈련 장소로도 유명하다.

▶플로리다에 있는 **브리튼 힐(Britton Hill)**은 50개 주 최고봉 중 가장 낮은 봉우리다. 해발높이가 345피트(105m)에 불과하다. 봉우리라고 하기에도 민망한 높이지만 최고봉은 최고봉이다. 플로리다 서북쪽 끝 앨라배마 접경지에 있는 레이크우드 공원 안에 있다. 그밖에 조지아 인접 4개 주의 최고봉은 다음과 같다.

◆앨라배마주 최고봉은 **치하마운틴(Cheaha Mountain)**이다. 해발 2413피트(735m). 치하는 원주민 언어로 높다는 뜻이다.

◆테네시주는 **클링먼스 돔(Clingman's Dome)**으로 그레이트 스모키 마운틴 국립 공원 안에 있다. 높이는 6643피트(2025m).

◆노스캐롤라이나 최고봉은 **마운트 미첼(Mt. Mitchell)**이다. 6684피트(2037m). 세계 최대 민간 저택 빌트모어 하우스로 유명한 애쉬빌에서 멀지 않다. 블루리지 파크웨이를 이용하면 정상까지 차로 올라갈 수 있다.

◆사우스캐롤라이나 주에서 가장 높은 곳은 노스캐롤라이나 접경지역에 있는 **사사프라스 마운틴(Sassafras Mountain)**이다. 해발 3,554피트(1083m). 애팔래치안 산맥의 일부인 블루리지 산맥에 속해 있다.

주소 | 2941 GA-180 Spur, Hiawassee, GA30546

브래스타운 볼드는 둘루스 한인타운에서 북쪽으로 약 2시간 거리다. 입장료는 1인당 7달러로 주차비, 셔틀버스 요금 포함이다. 연방 공원관리국 관할이어서 국립공원 1년 패스(America the Beautiful)도 통용된다. 브래스타운 볼드에서 북쪽으로 30마일 정도 가면 노스캐롤라이나 주다. 유명한 블루리지파크웨이(Blue Ridge Pkwy)도 멀지 않다.

"인생은 초콜릿 상자 같은 것" 영화 속 대사 들리는 듯

17) 사바나 & 타이비 아일랜드
Savannah & Tybee Island

"인생은 초콜릿 상자와 같은 거야. 속에 어떤 게 들어있는지, 네가 어떤 초콜릿을 고를지는 아무도 모르는 거란다".

톰 행크스 주연 영화 '포레스트 검프'에 나오는 유명한 대사다. 영화가 1994년에 나왔으니 벌써 30년이 다 되어간다. 그동안 이 영화를 몇 번이나 봤다. 주인공과 주변 인물들의 역경 극복 스토리는 볼 때마다 나를 돌아보게 만들었다. 몇 년 전 애리조나 유타 접경지를 여행할 때 영화 속 주인공이 달리던 '모뉴먼트밸리' 인근 도로를 일부러 찾아가 똑같이 뛰어보기도 했었다. 그때의 감격(?)을 조지아, 사바나에서 다시 한번 맛봤다. 인생 초콜릿 상자 대사가 나오는 장면을 촬영한 현장이 거기 있었기 때문이다.

사바나(Savannah)는 열대 초원지대를 일컫는 그 사바나(Savanna)가 아니다. 에이치(h) 한 글자가 더 들어간다. 사바나는 조지아 남쪽의 항구 도시. 뉴스에도 자주 나온다. 수출입 물동량이 급증하면서 LA 롱비치나 뉴욕 못지않은 중요 항구가 됐기 때문이다. 조지아치고는 꽤 남쪽이어서 애틀랜타와는 기후와 식생이 많이 다르다. 팜 트리도 있고, 나무에 이끼도 주렁주렁 달리고 겨울에도 별로 춥지 않다.

애틀랜타에서 가면 차로 4시간 정도, 당일 여행으로는 다소 벅차다. 그래도 일찍 서두른다면 웬만한 곳은 다 섭렵하고 올 수 있다. 하루 자고 온다면 훨씬 다채롭고 넉넉한 일정을 즐길 수 있다. 나는 2021년 9월 혼자서 한 번, 그리고 연말에 가족여행으로 또 한 번 사바나를 다녀왔다. 모두 1박 2일 일정이었다.

조지아는 1732년 북미 첫 13개 식민지 중 마지막으로 영국 식민지가 됐다. 사바나는 그 무렵 개발된 조지아 최초의 계획도시다. 1786년까지 조지아 주도이기도 했다. 면화와 담배 수출항으로 번창했다. 남북전쟁 때는 남군의 최후 보루였다. 애틀랜타를 함락시킨 북군은 쓰나미처럼 진군해왔다. 남군은 버텼지만 역부족이었다. 1864년 12월 20일, 결국 북군에 함락됐다. 북군 총사령관 윌리엄 테쿰세 셔먼 장군은 사바나를 링컨 대통령에게 크리스마스 선물로 헌정했다. 그 덕분인지 애틀랜타와 달리 식민지 시대 저택이나 건물들은 파괴되지 않았다. 그때 살아남은 고풍스럽고 유서 깊은 건물들이 지금은 훌륭한 관광자원이 됐다.

여행은 일상에서의 일탈이다. 멋진 추억을 남기려면 많이 보고 들어야 한다. 관광(觀光)이 아닌 견문(見聞)을 해야 한다. 읽고 쓰는 것까지 더한다면 금상첨화다. 정보를 찾고, 메모하고, 생각을 보태보자는 말이다. 사바나는 그렇게 하기에 최적의 여행지다. 도시 전체가 공원이고 사적지이고 생태공원이다. 이런 도시를 갖고 있다는 것도 조지아 사람들의 복이다. 여행의 맛은 걷는 데 있다. 속으로 걸어 들어가 봐야 보일 게 보이고 느껴지고 알게 된다. 사바나에선 거의 모든 명소가 모여 있는 역사지구(Historic District)가 그렇다.

시작은 포사이스 공원(Forsyth Park)에서부터다. 공원에 들어서면 가장 먼저 눈에 들어오는 게 이끼(Spanish Moss)가 축축 늘어진 고목들이다. 마치 '쥐라기 공원' 영화 속 정글에 들어온 것 같다. 분수대 주변으로는 나들이 나온 연인들, 가족

들의 사진 찍는 소리가 끊이지 않는다. 공원을 가로지르는 길도 예쁘다. 화가, 토산품 파는 좌판대, 즉석 공연을 펼치는 예술가 등이 어우러져 한 폭의 풍경화가 된다.

주변 길로는 마차와 자전거 탄 관광객들이 바쁘게, 혹은 여유롭게 오간다. 엽서에나 나올 법한 예쁜 트롤리버스도 보인다. 붉은 벽돌 건물들은 세월의 더께가 쌓이고 쌓여 기품이 있다. 예쁜 기념품 가게나 식당들 역시 기웃거리는 자체가 재미이고 휴식이다.

시내 쪽으로 발길을 돌리면 각기 다른 이름의 광장(Square)이 이어진다. 치프와, 엘리스, 몬터레이, 프랭클린, 컬럼비아, 매디슨 등등. 광장마다 벤치가 있고 주민들이 모여 앉아 담소를 나누거나 해바라기를 한다. 그중 치프와 광장(Chippewa Square)이 바로 영화 '포레스트 검프'의 시작과 끝 장면을 찍은 곳이다. 주인공이 버스를 기다리며 앉아 있고 울창한 나무 사이로 깃털 하나가 바람결에 살랑살랑 날아오는 바로 그 장면이다. 이 유명한 장면을 찍은 곳에 그때 그 벤치도 없고 안내문 하나 없다. 나처럼 알음알음 소문 듣고 찾아오는 사람들만 아는 비밀 장소로 숨겨두기로 작정한 듯싶었다.

주인공 톰 행크스가 버스를 기다리며 앉아 있던 벤치는 근처 사바나 역사박물관(Savannah History Museum)에 가면 볼 수 있다는 것을 여행에서 돌아온 뒤 뒤늦게 알았다. 그래도 후회되지는 않았다. 주인공이 앉았을 법한 고목 아래 서

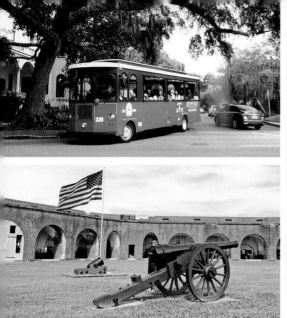

서 잠깐이나마 영화 속 '초콜릿 상자'의 교훈을 되새김질해 본 것만으로도 충분히 의미가 있었기 때문이다.

사바나는 개척 당시부터 아프리카 흑인 노예들이 실려 오던 관문이었다. 그래서 사바나엔 흑인 관련 사적지가 많다. 1775년 완공된 북미 최초의 흑인 침례교회(The First African Baptist Church)도 그중의 하나다. 흑인 노예 장터, 독립 전쟁 참전 흑인 용사 기념비도 보았다. 일부러 찾아다닐 것까지는 없더라도 걷다가 마주치면 안내 간판은 한 번 들여다본다면 여행이 더 풍성해질 것 같다.

꼭 걸어보라 권하고 싶은 곳은 사바나 강을 끼고 있는 리버프론트(Riverfront)다.

한쪽은 강물, 한쪽은 옛 상점과 레스토랑들이 즐비하고 고급 호텔도 이곳에 다 몰려있다. 사바나강을 가로지르는 높다란 현수교나, 강변에 정박해 있는 대형 유람선 리버보트를 배경으로 셔터만 눌러도 작품이 된다.

도심 걷기가 끝나면 바닷가도 가봐야 한다. 가장 인기 있는 곳은 20~30분 거리의 타이비 아일랜드(Tybee Island)다. 나도 사바나 갈 때마다 이곳을 찾아 대서양에 발을 담갔다. 백사장 고운 모래를 맨발로 밟으며 한참을 걸었다. 간질간질한 발바닥 감촉이 좋았고 발끝을 핥고 가는 바닷물은 미지근했지만 싫지 않았다.

주소 | 포사이스공원: 2 W Gaston St. Savannah, GA 31401

타이비 아일랜드로 건너가는 길목에 있는 포트 풀라스키 준국립공원(Fort Pulaski National Monument)도 가볼만 하다. 식민지 시대 초기부터 150년 이상 사바나강 하구를 지키던 요새로 대포와 성벽, 남북전쟁 당시의 전황이 잘 전시되어 있다.

거북이 알 낳고 야생마가 풀 뜯는 무공해 섬

18) 컴벌랜드 아일랜드
Cumberland Island National Seashore

섬의 오랜 이미지는 고립과 고독이다. 유폐와 격리의 유배지이기도 했다. 보길도에서 18년을 귀양살이 한 조선 최다 저술가 다산 정약용, 흑산도에서 평생 나오지 못했던 '자산어보'의 저자 정약전의 처절했던 섬 시간을 많은 이들이 기억한다.

섬이 더욱 외딴 벽지가 된 것은 조선 시대 국가 정책 탓도 컸다. 고려 말 이래 한반도 해안과 섬은 늘 왜구 침탈에 시달렸다. 이를 막기 위해 조선은 바다를 막고 섬에는 사람이 살지 못하게 했다. 해금(海禁)정책, 공도(空島) 정책이었다. 그럼에도 변변한 땅 한 뙈기 하나 없는 사람들은 버려진 섬이라도 들어가 살아야 했다. 비탈진 언덕을 일구고 거친 파도를 헤치며 고기를 잡아야 입에 풀칠이라도 할 수 있었다. 힘들고 고달팠던 섬사람들의 신산(辛酸)한 삶은 60~70년대까지 이어졌다. 육지는 그들에겐 아득한 꿈이었다. 옛 대중가요 곳곳에 그 서러움이 배어 있다.

"해~당화 피고 지~는 섬 마을~에, 누굴 찾아 왔던~가 총~각 선생~님" (이미자 '섬마을 선생님')

"얼~마나 멀고 먼~지 그리운 서울은 파도~가 길을 막아 가고파도 못~갑~니다"(조미미 '바다가 육지라면')

"남~몰래 서러운 세월~은 가~고 물결은 천~번 만~번 밀려오는데 못~ 견디게 그~리운 아득한 저 육지를" (이미자 '흑산도 아가씨')

하지만 이제 섬은 더는 그런 이미지로 다가오지 않는다. 오히려 도시인에게 섬은 가 보고 싶고, 거닐고 싶고, 겪어보고 싶은 낭만의 장소가 되었다. 하늘과 바람, 파도와 갈매기, 그리고 휴식과 여유. 이런 상상만으로도 시심을 불러일으키는 곳이 섬이다. 어떤 시인은 이를 단 두 줄의 시로 읊었다.

"사람들 사이에 섬이 있다
그 섬에 가고 싶다"

－정현종 '섬' 전문

도시인인 나도 가끔은 섬에 가고 싶었다. 열망은 조지아에 와서도 계속됐다. 코로나가 한창이던 2021년 늦봄이었다. 어떤 분을 만났는데 섬으로 혼자 캠핑을 다녀왔다고 자랑했다. 컴벌랜드 아일랜드(Cumberland Island)라는 섬이었다.

조지아 최남단에 있는 섬, 배를 타고 들어가지만 배 놓치면 나올 수 없는 섬, 그

섬에서 밤새워 쏟아지는 별을 보고, 낮에는 끝도 없이 이어진 백사장을 걸었다고 했다. 이야기를 듣는 순간 나도 가야지 하는 생각이 불같이 일었다. 거북이 알을 낳고, 야생마가 돌아다닌다는, 극히 일부 사람들에게만 알려진 조지아의 숨은 보석을 직접 체험하고 싶었다.

인터넷 예약 사이트를 샅샅이 뒤졌다. 도저히 캠프 사이트를 잡을 수가 없었다. 주말이나 휴일에 가려면 1년 전쯤에나 예약해야 한다는 걸 뒤늦게 알았다. 몇 달 뒤 기회가 왔다. 또 다른 지인이 그 섬에 갈 계획을 세웠다며 동행을 제의해 왔다. 무조건 따라나섰다. 2021년 11월 초였다.

컴벌랜드 아일랜드는 조지아 가장 큰 섬이다. 조지아 최남단이니 바로 건너편이 플로리다 땅이다. 구글 지도를 최대한 확대해서 보면 한쪽은 대서양 바다, 다른 한쪽은 육지와 접한 강이다. 그러니까 이 섬은 일종의 삼각주(delta)이자 사구(砂丘)다. 숲과 모래, 습지와 자연이 야생 자연 그대로 남아 있다. 연방 공원관리국이 국립해안공원(National Seashore)으로 지정해 애지중지 관리하는 이유다.

섬에 들어가는 방법은 두 가지다. 헤엄쳐서 건너거나 배를 타는 것이다. 방문객의 99.99%는 배를 탄다. 조지아 동남쪽 땅끝마을 세인트 메리스(St. Marys)에서 섬을 오가는 연락선이 하루 두 번 있다. 섬 안에 호텔도 있긴 하지만 예약은 하늘의 별 따기다. 가격도 가격이지만 객실 수가 15개 밖에 없기 때문이다. 캠프 사이트는 여러 곳 있지만 일찌감치 예약해야 자리를 맡을 수 있다. 그러다 보니 당일치기 방문자들이 대부분이다. 섬 안에는 화장실 외에 아무런 시설이 없다. 가게도 없고 물도 없다. 필요한 것은 모두 가지고 가야 한다. 당연히 아무것도 남겨 놓고 나와서도 안

된다. 한마디로 무공해 청정지역이다.

금요일 일을 마치고 오후 늦게 애틀랜타에서 출발했다. 일행은 나를 포함해 세 명. 2박3일 일정. 번갈아 운전하며 6시간을 내리 달려 컴벌랜드 섬 인근에 여장을 풀었다. 크룩드리버 주립공원(Crooked River State Park) 안에 있는 캐빈이었다. 방 잡기가 쉬운 곳이 아니지만 몇 번의 시도 끝에 운 좋게 예약에 성공한 곳이었다. 부지런한 사람 덕을 이렇게 여러 사람이 누린다.

이튿날 아침 세인트 메리스 선착장에서 9시 첫 배를 탔다. 100명 가까운 승객을 태운 배는 세인트 메리스 강을 따라, 다시 이스트 강을 훑으며 섬으로 향했다. 세인트 메리스 강은 조지아와 플로리다를 나누는 강이고 이스트 강은 컴벌랜드 섬 동쪽 강이다. 배는 아이스 하우스 뮤지엄(Ice House Museum)에 한 번 기착한 후 씨캠프 (Sea Camp)까지 운항한다. 항해 거리는 7마일, 배 타는 시간은 45분이다.

우린 씨캠프에서 내렸다. 이제 꼼짝없이 섬에 갇혔다. 오후 4시 30분, 마지막 배를 타기 전까지 다른 할 일은 없다. 걷는 게 최선이다. 배에서 내리자마자 고목 우거진 섬을 가로질러 대시양 바닷가 쪽으로 갔다. 하얀 백사장이 아득하게 펼쳐졌다. 그 위를 걷고 또 걸었다. 바람소리, 파도소리, 이따금 끼룩거리는 갈매기 소리만 들렸다. 인적이라도 살필까 싶어 가끔씩 뒤를 돌아보면 촉촉한 모래 위로 내 발자국만 따라 오고 있을 뿐이었다.

이곳 모래 둔덕과 백사장은 바다거북 산란장으로 최적이라고 한다. 교교히 달빛 흐르는 밤 바다거북들이 떼 지어 알을 낳고, 별빛조차 가물거리는 깊은 밤, 알을 깨고 나온 수천수만 마리 새끼 거북들이 바다를 향해 종종걸음으로 달려가는 장면이 떠올랐다. 신비하고 신성한 생명 탄생의 현장, 그런 곳을 이렇게 밟아도 되나 싶어 씩씩했던 발걸음이 조심스러워졌다. 해안 백사장 전체 길이는 17.5마일. 발목이 시큰하고 오금이 저릴 때까지 걸었다. 시장기가 밀려올 때쯤 걸음을 멈추고 숲속 원두막을 찾았다. 캐빈에서 아무렇게나 싸 간 도시락을 먹었다. 별 재료도 없이 어설프게 만든 샌드위치였지만 맛은 최고였다. 부실한 결핍 속에 오히려 충만의 감사가 나왔다.

식후엔 울창한 숲을 걸었다. 바닷가에 이렇게 깊은 숲이 있다는 게 믿기지 않았지만 엄연한 사실이었다. 숲속에 숨어 있는 고풍스러운 호텔(Greyfield Inn)도 구경할 만했다. 가끔 드러나는 초지에선 야생말들이 한가로이 풀을 뜯고 있었다. 오래전 사람이 살다 떠나면서 내버리고 간 말들이 제멋대로 번식한 녀석들이다.

아이스하우스 뮤지엄과 옛 건물 터(Dungeness Ruins)도 둘러봤다. 1880년대 철강왕 카네기 가문의 흔적이 섬 곳곳에 남아 있음을 알려주고 있었다. 잔해만 남은 부서진 건물들은 앤드루 카네기(1835~1919)의 동생 토마스 모리슨 카네기(1843~1886) 가족이 겨울 휴양지로 사용하던 호화로운 집터와 생활 공간들이다. 이번에 가 보진 못했지만 섬 북쪽 끝에 있는 흑인 교회(The First African Baptist Church)도 흥미로웠다. 존 F. 케네디 대통령 아들이 1996년 9월에 가까운 지인들만 불러 이곳에서 조촐한 결혼식을 올렸다. 1963년 46세 젊은 나이에 암살당한 아버지 장례식 때 거수경례로 미국인들을 울렸던 세 살 꼬마가 바로 그였다. 하지만 이 젊은 부부는 결혼 3년 만인 1999년 7월, 매사추세츠에서 경비행기 추락으로 유명을 달리했다. 내일을 알 수 없는 게 인생임을 이런 곳에서도 확인한다.

주소 | 컴벌랜드 아일랜드 선착장: 113 St. Marys Street W, St. Marys, GA 31558

1인당 10달러 입장료가 있다. 국립공원 연간 입장권(America the Beautiful)이 있으면 따로 입장권을 안 사도 된다. 뱃삯은 별도다. 1인당 30달러가 넘는다. 섬에선 자전거를 빌려 탈 수 있고 밴을 타고 둘러보면서 설명까지 듣는 가이드 투어도 예약하면 이용할 수 있다.

채터후치 강변 명품 하이킹 코스

19) 코크란 쇼얼스 트레일
Cochran Schoals Trail

서울엔 한강, 부산엔 낙동강, 애틀랜타엔 채터후치강(Chattahoochee River)이 있다. 채터후치강은 조지아 최대 강이다. 길이가 약 420마일(약 680km)로 테네시 접경 애팔래치아 산맥에서 발원해 애틀랜타 주변 구석구석을 휘감아 돌아간다. 남쪽으로 더 내려가서는 앨라배마와 주 경계를 이루고 다시 플로리다와 주 경계를 이루면서 세미놀 호수(Lake Seminole)까지 흘러간다.

호수를 지나 플로리다 땅에 들어서면서부터는 강은 애팔래치아강으로 이름이 바뀐다. 강의 종착지는 멕시코만이다.

채터후치라는 말은 얼룩이 있는 바위라는 뜻으로 인디언 원주민 단어 차토(cha-to=rock)와 후치(huchi=marked)에서 유래됐다. 강 상류 북쪽 산악지대에서 얼룩덜룩한 대리석이 많이 나온 데서 이런 이름이 붙었다고 한다.

애틀랜타 일대 채터후치강 주변은 곳곳이 공원이고 산책로이고 레저 공간이다. 처음부터 이런 휴양지였던 것은 아니다. 1970년대 초까지만 해도 방치되어 있다가 1978년 연방 공원관리국이 관할하면서 지금의 모습을 갖췄다. 레크리에이션 공원(Chattahoochee River National Recreation Area)으로 지정된 곳은 도심 구간을 흐르는 48마일(77km)이다.

공원이라 해도 자잘한 편의시설은 별로 없다. 주차장, 화장실 외에 이따금 안내 표지판만 보일 뿐이다. 강기슭을 봐도, 숲길을 걸어도 인공의 흔적을 최대한 안 남기려 애쓴 흔적이 역력하다. 없는 듯 있고 있는 듯 없는, 이런 게 무위자연(無爲自然)이다. 오해는 말자. 무위란 아무것도 안 한다는 말이 아니다. 억지로 하지 않는다는 뜻일 뿐이다. 미국식 자연보호 방식이 원래 이런 것 같다.

별다른 계획 없는 주말 아침이면 으레 채터후치 강변, 그중에서도 코크란 쇼얼스 트레일(Cochran Shoals Trail)을 찾아간다. 트레일 대부분은 넓고 평탄한 강변 산책길로 1시간 정도면 한 바퀴 돌 수 있다. 거리는 3.1마일. 걷는 사람도 많고 뛰는 사람도 많다. 좀 더 걷고 싶으면 트레일 반환점 부근에서 이어지는 소프 크리크 트레일(Sope Creek Trail)을 따라 숲으로 들어가면 된다. 숲속 길은 여러 갈래다. 1시간이든 2시간이든 마음 내키는 대로 골라 걸으면 된다. 어떤 길을 선택하든지 지금까지 걸었던 강변 산책로와는 완전히 다른 맛이다. 꼬불꼬불 울퉁불퉁 돌고 도는 짙은 숲속엔 언덕도 있고 작은 개울도 흐른다. 가끔 산악자전거도 지나간다. 자전거가 방해된다 싶으면 노바이크(NO BIKE) 루트를 이용하면 된다. 꼽아보니 지난해 초여름부터 이곳을 드나들기 시작한 이래 매달 두세 번은 가는 것 같다. 지난 주말에도 다녀왔다. 아침 7시 30분. 두 사람이 먼저 와 있다. 이곳을 걸

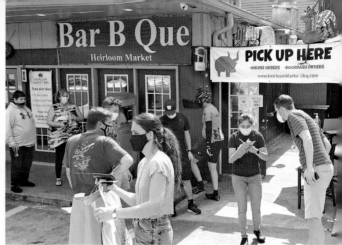

을 때면 늘 동행하는 사람들이다. 관심사는 다르지만, 연배가 비슷하고 너그럽고 앎이 많아 만나면 늘 배움이 있다.

배움 동무는 학우(學友), 글동무는 문우(文友)라고 하는데 뭐라고 해야 할까. 걸으면서 만났으니 길동무, 도반(道伴)이 낫겠다. 바른길을 찾으며, 함께 인생 공부를 해나가는 벗, 그들은 60 목전에 만난 유쾌한 도반이다.

3월이 코앞인데도 아침 기온이 쌀쌀했다. 어둠이 채 가시지 않은 이른 아침, 부지런한 사람들이 벌써부터 걷거나 뛰고 있다. 정확하게 7시 30분, 우리도 발걸음을 내디뎠다. 강변을 따라 걷다가 숲속 가장 먼 트레일을 돌고 돌아 다시 강변길로 두 시간을 쉬지 않고 걸었다. 심장을 박차고 나간 피가 손끝 발끝까지 이르며 온몸을 데워주는 것 같았다.

걷기를 끝내고 늘 그랬던 것처럼 근처 브런치 집으로 옮겨 커피와 빵으로 담소를 나눴다. 화두는 늘 건강, 행복, 삶의 보람 찾기다. 지나온 길은 다르지만 나이 들면서 바라보는 곳은 결국 비슷해져 감을 확인하는 자리다. 걸을 때도, 걷고 난 뒤에도 주고 받는 대화가 그래서 늘 즐겁다.

코크란 쇼얼스 트레일을 처음 알게 된 건 순전히 우연이었다. 그러니까 처음 애틀랜타에 왔을 때다. 젊은 시절 좋아했던 가수 이지연이 유명한 셰프가 되어 애틀랜타에서 식당을 하고 있다는 이야기를 들었다. 한번 가보고 싶었다. 에어룸마켓 바비큐(Heirloom Market BBQ)라는 곳이다. 주말 하루 날 잡아 일부러 찾아갔다. 투고(To Go)만 하는 집이었음에도 손님들로 왁자했다. 이지연은 없었다. 제일 잘 나간다는 메뉴 두 개를 주문했다. 바로 맛보고 싶었지만 마땅한 장소가 없었다. 구글맵으로 가까운 공원을 검색했더니 채터후치 강변, I-285 고속도로 인접한 곳, 바로 이곳 코크란 쇼얼스 트레일로 데려다주었다. 강가에 앉아 '이지연표' 햄버거와 돼지갈비를 먹었다. 스마트폰으로 그의 노래도 들었다.

해가 뜨면 찾아올까 바람 불면 떠날 사람인데
행여 한 맘 돌아오면 그대 역시 외면하고 있네

세월 가면 잊혀질까 그렇지만 다시 생각날 걸
붙잡아도 소용없어 그대는 왜 멀어져 가나

이제 모두 지난 일이야, 그리우면 나는 어떡하나
부질없는 내 마음에 바보같이 눈물만 흐르네

바람아 멈추어다오, 바람아 멈추어다오

- 이지연 노래 '바람아 멈추어 다오'

최근 그 이지연이 9년을 함께해 온 약혼자와 결별했다는 뉴스가 떴다. 함께 요리 공부하면서 만난 미국인이었다. 함께 식당을 열었고 조지아 최고 맛집 평판을 얻는데도 그의 도움이 적지 않았다고 한다. 뉴스가 나오던 날, 나는 다시 이 노래를 들었다. 무심히 흘려 듣던 가사가 신기하게도 그의 인생살이를 대변하는 것 같았다.

만나고 헤어짐이야 으레 있는 일이라지만 그래도 안쓰러웠다. '바보같이 눈물만' 흘리지 말았으면 좋겠다. '바람아 멈추어다오'라며 애걸하지도 말았으면 좋겠다. 대신 가슴 펴고 이곳, 가까운 채타후치 강변이라도 자주 걸었으면 좋겠다. 걷다 보면 또 다른 친구가 생길 테니까. 나무가, 숲이, 계곡이, 개울물까지도 모두 친구가 될 테니까. 나바호 인디언 부족의 노래 한 소절로 글을 맺는다.

"나는 땅끝까지 가 보았네
물 있는 곳 끝까지도 가 보았네
나는 하늘 끝까지 가 보았네
산 끝까지도 갔었네

친구가 아닌 것은 하나도 없었네"

> **주소 | 1956 Eugene Gunby Rd, Marietta, GA 30067**

트레일 입구까지는 둘루스 한인타운에서 30분쯤 걸린다. I-285 고속도로 22번 출구 노스사이드 드라이브에서 빠져나오면 된다. 주차장은 인터스테이트 N 파크웨이 선상, 강 다리 바로 건너 오른쪽에 있다. 주차비는 5달러. 1년치는 40불이다. 국립공원 1년 패스(America the Beautiful)도 통한다.

죽죽 〈竹竹〉 대나무 숲 채터후치 강변에 깃들다

20 이스트 팰리세이즈 대나무 숲

East palisades Trail Bamboo Forest

동양인에게 대나무는 각별했다. 사시사철 곧고 푸른 모습은 지조와 절개의 상징이었다. 빈속 또한 겸양의 미덕으로 칭송받았다. 매란국죽(梅蘭菊竹), 사군자 그림에서도 꼿꼿하고 고고한 기품의 대나무를 으뜸으로 쳤다. 불의와 타협하지 않고 어떤 상황에서도 원칙을 고수하는 사람을 대쪽 같은 사람이라 했듯, 휘어질지언정 부러지지 않고, 하늘을 우러러 한 점 부끄럽지 않은 군자의 기개를 대변하는 것으로 대나무만한 식물이 없다고 봤다.

대나무 숲을 한자로 죽림(竹林)이라 한다. 이 역시 동양에선 신비롭고 성스러운 공간으로 여겼다. 죽림칠현 고사의 영향도 있었을 것이다. 세상을 등지고 대나무 숲에 은거한 일곱 현자 이야기다. 중국 위진 남북조 시대 초기, 거의 1800년 전이 무대다. 위(魏, 220~265)는 촉, 오와 함께 자웅을 겨뤘던 삼국지에 나오는 바로 그 나라, 조조의 나라였다. 진(晉, 265~420)은 삼국지를 마감한, 조조의 신하였던 사마의와 그 후손이 경영한 나라였다. 위나라 황제 자리를 사실상 찬탈해 세운 나라이기도 했다.

진이 나라를 훔치자 그것이 불의하다 해서 세상을 등지고 대나무 숲으로 들어가 청담(淸談)으로 세월을 보낸 사람들이 있었다. 불사이군(不事二君), 두 임금을 섬기지 않는다는 그들의 이야기는 두고두고 충절의 표상이 됐다. 음풍농월, 술이나 마시고 거문고나 뜯으며 보냈지만, 사람들은 그 일곱 사람을 죽림칠현이라 부르며 추앙했다. 그들이 숨어 지냈던 죽림 역시 혼탁한 속세와 떨어져 몸과 마음을 깨끗하게 하는 공간의 대명사가 됐다.

이런 고사를 서양 사람들이 얼마나 아는지는 모르겠다. 대나무 숲의 분위기에 또 어떤 감흥을 느끼는지도 알 길이 없다. 그럼에도 주류 미디어나 잡지에서 심심치 않게 대나무가 보이는 걸 보면 미국에서도 관심은 꽤 있는 것 같다. 대나무 숲 자체의 이국적 매력 때문이기도 하겠지만, 한때 '죽의 장막'으로 불렸던 중국, 혹은 동양 문화 전체에 대한 관심이 커진 탓도 있을 것이다. 오직 댓잎만 먹으며 대나무 숲에서 살아가는 판다곰에 대한 친근감도 호기심을 자아냈을 법하다.

조지아 주가 매년 발행하는 공식 여행안내서 '익스플로러 조지아(Explore Georgia)'라는 책이 있다. 이 책에도 대나무 숲이 소개돼 있다. 2022년판 23페이지, 이스트 팰리세이즈 트레일 대나무숲(East Palisades Trail Bamboo Forest)이 그것이다. 알고 보니 평소 자주 걷던 채터후치 강변 코크란 쇼어스 트레일 인근이었다. 가보지 않을 수 없었다.

구글 검색으로 주소를 찍었다. 샌디스프링스 인근 채터후치 강변 인디언 트레일 지구가 나왔다. 둘루스 시온마켓 기준으로 차로 30분 정도 거리다. I-285 22번 출구에서 내려 찾아가는데, 이 동네 사람 아니라면 입구 찾기가 쉽지는 않을 듯싶은 도심 속 오지다.

고급 주택가를 지나자 인디언 트레일 간판이 보였다. 이어 숲속 주차장까지 비포장 도로가 이어졌다. 차가 마주 오면 서로 엇갈려 지나가기 힘들 정도로 좁았다. 주차

공간도 별로 없었다. 겨우 30대 정도 댈 수 있을 정도. 하마터면 그냥 돌아 나올 뻔했는데 운 좋게도 나가는 차가 있어 가까스로 차를 댈 수 있었다.

하이킹 시작 전에 먼저 트레일 지도부터 꼼꼼히 살폈다. 숲속 트레일이 여러 갈래라 자칫하면 대나무 숲은 근처에도 못 가보고 돌다가 나올 수도 있다는 사람이 많다고 해서다. 트레일 지도를 보면 대나무 숲은 E-26 지점에 있다(지도 참조). 주차장은 EP-19 지점이다. 이곳에 차를 댔다면 들어왔던 길(인디언 트레일)로 되돌아 걸어나가 EP-13으로 들어서는 게 관건이다. 이어 EP-23을 거쳐 EP-26 지점을 찾아가면 된다. 풍광 좋은 다른 트레일도 많은데 되돌아 올 때 걸어보면 좋다.

주차장에서 대나무 숲까지는 30~40분 정도 걸어야 한다. 처음에는 계속 내리막길이다. 숲이 울창하고 주변 경관도 변화무상해 있어 걷는 재미가 제법 있다. 작은 개울과 울창한 숲을 지나다 보면 이따금 큰 바위도 만난다. 마지막 10분은 채터후치강을 따라 이어지는 길이다.

채터후치강은 아무리 봐도 싫증나지 않는다. 특히 레이크 래니어에서부터는 한인들이 많이 사는 뷰포드, 스와니, 둘루스 일대를 적시고 가기 때문에 더 친근하다. 이어 라즈웰, 샌디스프링스를 거쳐 애틀랜타 서쪽을 훑으며 돌아 내려간다. 이 도심 구간 48마일이 모두 국립레크리에이션 지구(Chattahoochee River National Recreation Area:CRNRA)로 지정돼 있다.

강변을 따라 얼마간 걷다보면 마침내 대나무 숲이 나온다. 애틀랜타 도심 근교에 이런 곳이라니, 신기하고 놀랍다. '익스플로러 조지아'는 "사막을 헤매다 오아시스

를 만나는 기분"을 느낄 수 있다고 소개했다. 죽림은 생각만큼 넓지는 않다. 그래도 하늘 높이 치솟은 중세 교회 첨탑을 보듯 높이에 압도당한다. 댓잎은 하늘을 가릴 정도로 무성하다. 굵은 대나무에 손을 대 보았다. 차갑다.

더 가까이서 보면 대나무 마디마디 새겨진 그림과 글씨들이 보인다. 대부분 변치 말자 다짐한 청춘의 낙서들이고 사랑의 맹세다. 저런다고 식지 않을 사랑이 어디 있으랴만, 젊어 한때인 그 마음만은 아름답다. 그럼에도 거슬렸다. 살아 있는 생명에 저렇게 칼질이라니, 양식 있는 사람이라면 결코 못 할 짓이다.

현재 지구에는 모두 1250종의 대나무가 있다. 굵고 키가 큰 왕대, 얼룩무늬가 있는 솜대, 표피가 검은 오죽, 화살 재료로 썼던 이대, 산에서 흔히 보이는 조릿대 등이 우리가 흔히 듣던 대나무 종류다. 대나무는 이름과 달리 식물학적으로는 풀이다. 부름켜가 없어 부피 생장은 하지 않고 처음 땅에서 올라오는 굵기 그대로 평생 살아간다. 나무가 아니기 때문에 당연히 나이테도 없다. 또 다른 대나무의 특성 중 하나는 뿌리가 잔디처럼 옆으로 뻗는다는 것이다. 그래서 한 숲의 대나무는 모두 같은 뿌리로 연결되어 있다. 숲 전체가 한 포기라는 말이다.

지구에서 생장 속도가 가장 빠른 식물이라는 것도 대나무의 특징이다. 종마다 다르지만 대부분 죽순은 한두 달이면 다 자란다. 기후 조건이 맞으면 하루에 50cm도 자라고 왕대는 하루에 1m 이상도 자란다고 한다.

대나무 숲을 다녀온 뒤 대나무 전문가(?)가 다 됐다. 몇몇 사람들에게 죽림 이야기를 하며 애틀랜타에도 그런 곳이 있다고 했더니 대부분이 믿지 못하겠다는 표정을

지었다. 조지아에 30년을 살았지만 전혀 들어보지 못했다는 지인도 있었다. 채터후치 강변 대나무 숲은 그런 분들이 한 번쯤 가보면 좋을 것 같다. 도심 속에서 이정도 대나무 숲도 반갑지만 거기까지 찾아가는 강변 트레일도 꽤 매력이 있다. 봄여름도 좋고 단풍 든 가을도 좋다. 하지만 역시 대나무는 겨울이다. 다른 나무들이모두 잎을 떨군 뒤에도 위풍당당 홀로 푸른 대나무 숲, 상상만 해도 엄숙 장엄하지않은가. 가끔은 조지아에도 눈이 온다 하니 그렇게 흰 눈 내리는 겨울날 나도 꼭 한번 더 가봐야겠다.

주소 | 1425 Indian Trail NW, Sandy Springs

샌디스프링스 대나무 숲을 가려면 인디언 트레일 입구(1425 Indian Trail NW, Sandy Springs)가편하다. 주차 공간이 30여 대뿐이라는 게 변수다. 조금 더 걷겠다 생각하면 화이트워터 크릭 입구(4058 Whitewater Creek Rd NW, Atlanta)도 괜찮다. 주차장이 조금 더 여유가 있다.

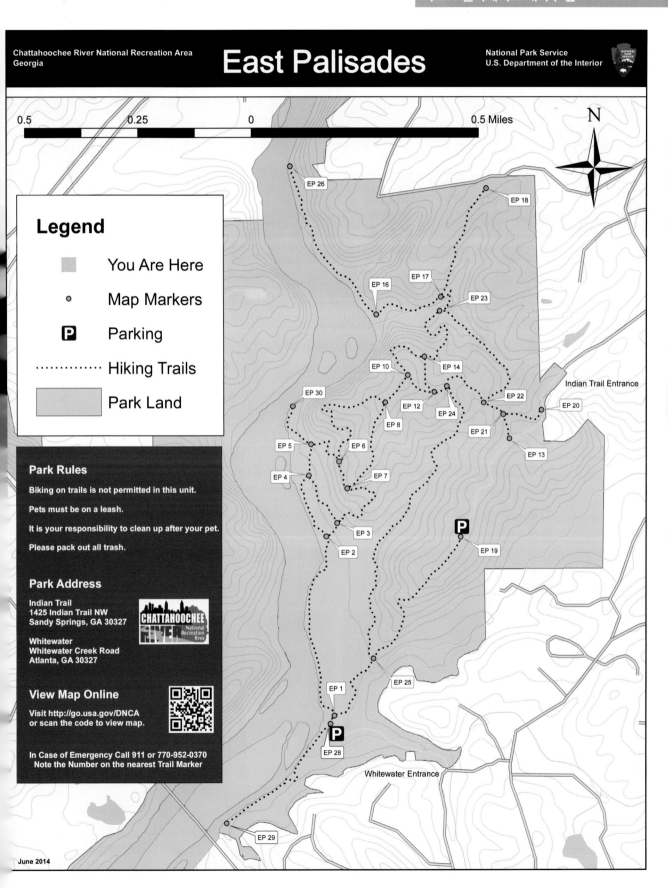

Chattahoochee River National Recreation Area
Georgia

East Palisades

National Park Service
U.S. Department of the Interior

0.5   0.25   0   0.5 Miles   N

Legend

You Are Here

○ Map Markers

🅿 Parking

·········· Hiking Trails

Park Land

Park Rules

Biking on trails is not permitted in this unit.

Pets must be on a leash.

It is your responsibility to clean up after your pet.

Please pack out all trash.

Park Address

Indian Trail
1425 Indian Trail NW
Sandy Springs, GA 30327

Whitewater
Whitewater Creek Road
Atlanta, GA 30327

CHATTAHOOCHEE RIVER National Recreation Area

View Map Online

Visit http://go.usa.gov/DNCA
or scan the code to view map.

In Case of Emergency Call 911 or 770-952-0370
Note the Number on the nearest Trail Marker

EP 26
EP 18
EP 17
EP 16
EP 23
EP 10
EP 14
EP 30
EP 12
EP 22
EP 20
Indian Trail Entrance
EP 8
EP 24
EP 21
EP 5
EP 6
EP 13
EP 4
EP 7
EP 3
EP 19
EP 2
EP 1
EP 25
EP 28
Whitewater Entrance
EP 29

June 2014

이런 도심에 이렇게 멋진 숲과 계곡이 있다니"

21) 비커리 크리크 파크 트레일
Vickery Greek Park Trail

요즘 한국에선 넋 놓고 그냥 있기, 즉 '멍 때리기'가 유행이라고 한다. 캠핑 가서 불 피워 놓고 멍하니 들여다보는 '불멍', 강이나 바닷가에서 하염없이 물만 쳐다보는 '물멍' 같은 것이 그것이다. 머리 비우고 휴식에 좋다고 그렇게들 한다는데 고개가 끄덕여진다. 워낙 복잡다단한 사회이니 그렇게라도 쉬어 보는 것이 나쁘지는 않겠 구나 싶어서이다.

그런데 휴일이라고 누워만 있으면서 하루를 보내는 사람도 적지 않단다. 온종일 잠 을 자거나 유튜브나 보면서 하루를 보낸다는 말인데, 그게 쉬는 거라고 생각해서일 것이다. 하지만 누워만 있다고 휴식이 되는 것은 아니다. 오히려 적당한 운동이나 평소 일과는 다른 대외 활동이 몸과 머리를 재충전하는 데는 훨씬 더 효과적이라는 게 전문가들의 조언이다. 그래서 걷자는 거다. 발길 닿는 대로, 마음 내키는 대로 어 디든 한번은 나가 보자는 거다.

이번에 소개할 곳은 조지아 한인 밀집지역인 둘루스, 스와니, 존스크릭에서 멀지않 은 라즈웰(Roswell)이라는 동네에 있는 비커리 크리크 파크 트레일(Vickery Creek Park Trail)이다. 라즈웰은 약 9만 3000명의 인구를 가진 조지아 9번째 규모의 도시

다. 백인이 약 6만명(64%)으로 가장 많고 히스패닉(15%)과 흑인(11.5%)이 그 뒤를 잇고 있다. 아시안은 5% 미만이다. 한인들도 다수 산다.

비커리 크리크 파크는 지역 주민들이 즐겨 찾는 동네 공원이다. 적당한 높낮이의 언덕과 시원한 물과 폭포가 걷는 재미를 더해주고 나뭇잎이 돋아나면 이곳이 도심이라고는 믿기지 않을 만큼 숲도 깊다. 비커리 크리크는 빅 크리크(Big Creek)라고도 불리는 하천으로 포사이스 카운티에서 시작해 풀턴카운티로 들어와 이곳 라즈웰에서 채터후치강과 합쳐진다. 총길이는 26.5마일(42.6km). 원래 이름은 시더 크리크(Cedar Creek)였지만 1830년대 이후 백인들이 이곳에 정착하면서 비커리 크리크로 바뀌었다. 비커리 크리크 공원은 전체가 채터후치강 국립휴양지(Chatta-hoochee River National Recreation Area)에 속한다. 비커리는 원래 이 지역에 살았던 체로키 인디언 여성 샬럿 비커리(Sharlot Vickery)의 이름에서 유래됐다.

나는 2021년 가을 처음 이곳을 발견했고, 2022년에도 두 번 더 가서 걸었다. 트레일을 걸어보면 이곳을 특별히 기억하게 하는 3가지가 있다. 첫째는 트레일 시작 지점에 있는 라즈웰 밀(Roswell Mill) 매뉴팩처링 건물이다. 밀은 보통 방앗간이나 제분소를 말하는데 목화에서 면화를 뽑아내던 방적공장도 밀이라고 불렀다. 원래 라즈웰은 1830년대 목화 등을 재배한 플랜테이션 농장으로 개척되었는데 라즈웰 밀도 그 무렵에 세워졌다. 한때 조지아의 대표적인 방적공장이었지만 1864년 남북전쟁 때 북군의 공격으로 파괴되었다.

전후에 복구되었지만 1926년 다시 불이 나서 가동이 중단됐다. 지금은 사적지로 복원되어 있고 건물 주위엔 이런저런 야외 설치 미술품도 세워져 있다.

두 번째는 비커리 크리크를 가로지르는 지붕 달린 다리다. 트레일은 이 다리를 건너 가파른 나무 계단을 올라가면서 시작된다. 나뭇잎이 있을 때는 경치가 빼어나고 요즘 같은 겨울에도 그런대로 운치가 있다. 사진 찍기 좋아하는 사람들의 촬영 장소로 인기다.

세 번째는 폭포다. 자연폭포는 아니고 라즈웰 밀에 전력 공급을 위해 만들어진 댐에서 흘러내리는 인공폭포다. 낙차가 큰 폭포는 아니지만 사시사철 수량이 많아 멀리 숲속에서도 우렁찬 폭포 소리를 들을 수 있다.

트레일은 2.5마일, 3.4마일 4.7마일, 5마일 등 안내 웹사이트마다 다양하게 나와 있다. 어떤 코스를 걷든 제자리로 돌아오는 순환 등산로(loop)라서 길 잃을 염려는 없다. 다만 계곡 아래로 내려가 하천 옆을 따라 걷는 코스를 선택할 때는 나름 경사가 급하고 비 온 뒤에는 물살이 세서 위험할 수도 있으니 주의하는 게 좋다.

주차장은 라즈웰 도심을 지나는 두 개의 큰길 애틀랜타 스트릿(GA-9)과 마리에타 하이웨이(GA-120)가 만나는 사거리 안쪽 깊숙이 들어간 곳에 있다. 찾기가 쉽지 않기 때문에 구글맵에 Vickery Creek Falls Roswell Mill을 치거나 내비게이션에 주소(95 Mill St. Roswell, GA)를 입력해 찾아가는 게 좋다.

주소 | Vickery Creek Falls Roswell Mill 또는 95 Mill St. Roswell, GA

주차장에서 그다지 멀지 않은 곳에 유명 커피숍(Land Of A Thousand Hills Coffee / 352 S Atlanta St, Roswell)이 있어 들러볼 만하다. 또 배링턴 홀(Barrington Hall / 주소 535 Barring Dr. Roswell)이라는 사적지도 가까이 있다. 이 집은 배링턴 킹이라는 사람이 1838년에 지어 살았던 집인데 고풍스러운 건물과 정원, 옛 농장 잔해들을 볼 수 있다. 배링턴 킹은 아버지 라즈웰 킹(Roswell King)과 함께 라즈웰을 개척한 사람이다. 라즈웰이라는 시 이름도 그의 아버지 이름에서 왔다.

안 가본 사람은 있어도 한 번만 가본 사람은 없는 곳

22) 리틀 멀베리 파크
Little Mulberry Park

걷기 좋은 곳, 멀리 가야만 있는 것은 아니다. 사는 집 근처, 직장 근처에도 얼마든지 있다. 카운티공원이 그런 곳이다.

동네 공원이라고 만만히 볼 게 아니다. 국립공원 주립공원 수준은 아니어도 산책길, 체육관, 운동시설, 피크닉 장소 등이 아주 잘 관리되고 있어 주민들에겐 더할 수 없이 소중한 휴식처이자 쉼터다. 대부분 나무가 많고 숲도 깊다. 개울물 흐르고 호수, 연못이 있어 운치까지 더하는 곳도 많다. 조지아에서 한인들이 가장 많이 사는 귀넷카운티만 해도 47개나 되는 카운티공원이 있다. 리틀 멀베리 파크도 그 중의 하나다.

공원 소개에 앞서 귀넷카운티가 어떤 곳인지부터 좀 살펴보자. 조지아에는 모두 159개 카운티가 있다. 미국 50개 주 중 텍사스(254개) 다음으로 많은 숫자다. 카운티는 주(state) 아래에 있는 행정단위다. 캘리포니아는 58개, 뉴욕은 62개 카운티가 있다. 159개 카운티중 2022년 기준으로 가장 인구가 많은 곳은 풀턴카운터(Fulton:1,105,355명)다. 귀넷(Gwinnett)카운티는 96만2989명으로 두 번째로 많다. 3~4위는 디캡(DeKalb, 772,470명), 캅(Cobb, 772,354명) 카운티다. 이들 빅4는 모두 애틀랜타 주변에 있다. 5위는 30만이 조금 넘는 클레이턴(Clayton) 카운티다. 그 뒤를 채텀(Chatham), 체로키(Cherokee), 포사이스(Forsyth), 헨리(Henry), 홀(Hall) 카운티가 잇는다. 모두 20만 명대를 유지하고 있는 카운티들이다. 도시 집중화가 계속되면서 인구 1만 명이 채 안 되는 카운티도 30개가 넘는다. 주민 수가 가장 적은 곳은 애틀랜타와 오거스타 중간에 위치한 탈리페로(Taliaferro) 카운티로 1300명에 불과하다.

귀넷카운티는 1818년에 설립됐다. 한인 밀집지역인 둘루스와 스와니가 포함돼 있다. 행정 수도는 로렌스빌이며 애틀랜타 한인회관이 있는 노크로스, 래니어 호수로 유명한 뷰포드도 귀넷카운티에 속한다. 귀넷이라는 이름은 버튼 귀넷(Button Gwinnett, 1735~1777)이라는 사람 이름에서 유래됐다. 버튼 귀넷은 영국과의 독

립전쟁 당시 조지아를 대표해 대륙회의에 참석했던 세 사람 중 한 명이었다. 독립선언서에 조지아 대표로 서명함으로써 '미국 건국의 아버지' 56명 중 한 명이 됐다.

귀넷카운티는 인구 구성은 백인이 53.3%로 가장 많다. 그 다음은 23.6%의 흑인이다. 아시안도 11%나 된다. 이는 포사이스 카운티에 이어 조지아주에선 두 번째로 높은 비율이다. 아시안은 한인과 중국계, 베트남계, 인도계 주민들이 가장 많다. 조지아주 다양성의 상징처럼 인식되고 있는 카운티다. 리틀 멀베리 공원을 직접 걸으면서도 실감했다. 백인, 흑인, 인도사람, 중국사람, 한국사람…. 그야말로 인종 전시장이다.

리틀 멀베리 파크는 애틀랜타 동북쪽 도시 대큘라(Dacula)와 어번(Auburn)에 걸쳐 있다. 2004년 귀넷카운티 공원으로 정식 개장했으며 전체 크기는 892에이커에 이른다. 귀넷카운티공원 중에서 두 번째로 큰 규모다. 가장 큰 공원은 대큘라에 있는 하빈스 파크(Harbins Park, 2995 Luke Edwards Rd, Dacula)로 1960에이커나 된다.

리틀 멀베리 공원은 안 가본 사람은 있어도 한 번만 가본 사람은 없을 정도로 한인들에게도 잘 알려져 있다. 작은 연못, 큰 호수, 드넓게 펼쳐진 목초지와 울창한 숲, 잘 포장된 트레일 등 그만큼 공원이 잘 되어 있다. 귀넷카운티에서 해발고도가 가장 높은 곳도 이 공원 안에 있다. 호수에선 낚시도 할 수 있고, 말도 탈 수 있는 길이 따로 있다. 공원에는 2005년 밀러(Miller) 가문으로부터 사들인 404에이커 땅도 포함되어 있는데 그중 일부가 보호구역으로 지정돼 있다.

멀베리(Mulberry)는 뽕나무 열매인 오디를 말한다. 하지만 내 눈이 밝지 못해서인지 이번에 가서는 실제 뽕나무를 보지 못했다. 미국 사람 성씨 중에도 멀베리가 있다. 아마 멀베리라는 공원 이름은 뽕나무 아니면 사람 이름 둘 중 하나에서 유래했을 것이다. 누군가 확실히 안다면 좀 알려주었으면 좋겠다.

공원에는 모두 8개의 트레일이 있고 전체 트레일은 14마일에 이른다. 트레일과 트레일은 모두 연결되어 있어서 걷고 싶은 거리만큼 알아서 걸으면 된다. 그 중 특히 인기 있는 트레일은 다음 3개다. 모두 방문자들이 좋다고 추천한 트레일이며 나도 직접 걸어 보고 확인한 곳들이다.

▶**밀러 루프 트레일**(Miller Loop Trail)　밀러 레이크 호수를 한 바퀴 도는 2.2마일 코스로 가장 대중적인 트레일이다. 1시간이면 충분히 걷는다. 주말이면 가족 단위로 와서 걷는 사람이 많다. 길이 대부분 평지이기 때문에 달리는 사람도 많다. 호수 주변엔 군데군데 낚시터가 있어 직접 낚시를 즐길 수 있고 낚시하는 사람 구경하는 재미도 있다. 밀러 레이크는 댐으로 생긴 인공호수다. 약 200에이커의 카리나 밀러 자연보호구역(Karina Miller Nature Preserve)도 이곳에 있다.

▶**라빈 루프 트레일**(Ravine Loop Trail)　펜스로드 입구에서 올라간다. 공원 안 가장 우거진 숲속 길을 한 바퀴 돌아 나올 수 있는 트레일이다. 중간중간 계곡과 골짜기가 있어 지루하지 않고 적당히 오르내리는 재미도 쏠쏠하다. 2.2마일 1시간 정도 소요. 라빈 트레일 중간쯤에서 갈라지는 1마일 길이의 우드랜드(Woodland) 트레일을 끼고 돌면 30분 정도 더 걸을 수 있다.

계곡 아래로는 작은 개울이 흐르는데 개구리나 도롱뇽 같은 양서류 서식지여서 카운티 정부가 각별히 관리한다. 트레일을 걷다 보면 돌을 원형 또는 반원형으로 쌓아놓은 돌무더기도 볼 수 있다. 리틀 멀베리 인디언 마운드(Little Mulberry Indian Mounds)라는 돌무더기인데 갯수가 200개나 된다고 한다. 옛날 이 지역에 살았던 원주민 무덤이라는 주장도 있지만 확실치는 않다. 기원을 밝히기 위해 언젠가는 발굴을 할 모양인 듯 지금은 사적지(National Register of Historic Places)로 지정해 보호하고 있다.

▶메도 트레일(Meadow Trail) 이름 그대로 넓은 풀밭 사이로 난 길이다. 라빈 트레일이나 밀러 트레일에서 바로 이어진다. 큰 나무 하나 없이 풀만 가득한 이곳은 한때 이 일대가 목장이었음을 말해준다. 이스트 메도, 웨스트 메도 각각 1마일씩이다. 웨스트 메도 정상은 해발 1206피트(367m)로 귀넷카운티에서 가장 높다. 이 외에도 멀베리 트레일, 캐리지 트레일, 폰드 트레일 등 크고 작은 트레일이 곳곳으로 뻗어 있다. 트레일 대부분은 포장이 되어 있어 유모차나 휠체어도 다닐 수 있다. 미국은 개나 고양이의 천국이지만 의외로 개를 동반할 수 없는 트레일도 많은데 이곳은 개도 대환영이다. 피크닉 장소가 많아 한인들 모임이나 행사도 종종 이곳에서 열린다.

주소 | 펜스로드 출입구 3855 Fence Road, Auburn
호그 마운틴 로드 입구 3900 Hog Mountain Road, Dacula

공원이 크다보니 출입구도 4곳이나 있다. 입장료는 따로 없다. 방문하기 전 웹사이트를 통해 공원 지도를 살펴보고 어느 쪽을 둘러볼 것인지 정하고 가는 것이 좋다. 산길, 숲길 걷기를 원한다면 펜스로드 출입구가 좋다. 물가를 걷고 싶다면 호그 마운틴 로드 입구로 들어가야 한다.

나이가 들어가면 누구에게나 가장 큰 관심사는 건강이다. 몸에 좋은 음식, 운동, 약 이야기가 끊임이 없다. 걷기도 절대 빠지지 않는 소재다. 2021년 매사추세츠대학이 중심이 된 공동 연구팀이 미국 의사협회(JAMA)지에 발표한 논문은 걷기가 얼마나 건강과 장수에 좋은지 일깨워 준다. 38~50세 남녀 2110명을 대상으로 한 이 연구에 따르면 매일 7000보 이상 걷는 사람의 사망률은 그 이하로 걷는 사람들보다 50~70%나 낮았다. 그야말로 불로초가 따로 없다. 최초로 중국을 통일한 진시황이 불로초를 찾기 위해 그렇게 애를 썼다지만 정작 걷기가 불로초인 줄은 몰랐던 것 같다.

각설하고, 꾸준히 걷기에 가장 좋은 곳은 역시 동네 공원이다. 미국 좋다는 게 뭔가. 어느 도시를 가도 동네 인근에 훌륭한 공원들이 있다는 것이다. 하지만 사람이든 자연이든 너무 가까이 있으면 그 가치를 모른다. 조지아 한인타운 둘루스(Duluth) 한복판에 있는 맥 대니얼 팜 공원(McDaniel Farm Park)도 그렇다.

나는 처음 이곳을 가 보고 눈이 휘둥그레졌다. 도심 한복판에 이렇게나 조붓하고 우아한 공원이 있다니. 말이 동네 공원이지 숲도 우거지고 작은 개울까지 흐르는 거대한 자연이다. 전체 면적은 134에이커. 1에이커는 약 1224평이니까 대략 16만 4000평이나 된다. 이게 어느 정도인지 감이 잘 안 온다면 국제규격 축구장 80개 정도 넓이라고 생각하면 된다.

이 공원은 1999년 귀넷카운티가 맥 대니얼 가문으로부터 농장을 구입해 주민 쉼터로 만든 곳이다. 원래는 19세기 초 서부 개척이 한창일 때 불하된 땅이었다. 처음 미국은 동부 13개 주를 중심으로 한 나라였기 때문에 애팔래치안 산맥 너머는 모두 미답의 땅이었고 그냥 서부로 불렸다. 정부는 서부를 개척하면서 원주민인 아메리칸 인디언들을 쫓아내고 얻은 땅을 공짜에 가까운 헐값으로 팔았다. 토지 추첨(Land Lottery) 정책이었다. 물론 토지 신청은 백인 남자만 할 수 있었다. 이 공원도 1820년 그렇게 해서 시작된 땅 중의 하나였다.

이 땅은 1859년 맥 대니얼이라는 사람에게 당시 돈 450달러에 다시 팔렸다. 그는 이곳을 농장으로 개간했다. 그의 후손들도 목화도 심고 채소도 심고 벌목도 하면서 19세기 초기까지도 자급자족 생활을 이어 갔다. 지금 공원은 입구가 둘인데 올

드노크로스로드 쪽으로 들어가면 당시 미국 남부의 전형적인 농장 분위기를 엿볼수 있는 흔적들을 만날 수 있다. 1874년에 지었다는 농장 본채와 우물, 19세기 초반에 지은 헛간, 대장간, 당시 썼던 농기구 잔해들이 여기저기 널브러져 있다. 공원이름에 농장(Farm)이 붙은 것은 그래서이다. 봄 여름엔 텃밭도 운영한다. 또 여러트레일 외에도 단체 모임을 위한 바비큐 시설, 놀이터, 개 공원도 구비되어 있다.

주말 아침 특별한 일이 없으면 나는 집에서 가까운 이곳을 찾아가 걷는다. 언제 가도 걷는 사람들을 많이 만난다. 두 손잡고 함께 걷는 나이 든 노부부도 보이고 씩씩하게 혼자 걷는 노인도 많다. 깡총깡총 뛰어가는 젊은 아가씨도 있고 개와 함께 유유히 산책하는 중년 아주머니 아저씨도 보인다. 그들을 마주쳐 지나칠 때면 다들예외 없이 눈을 맞추고 굿모닝, 헬로 하며 미소를 나눈다. 그럴 때마다 '아, 내가 미국에 살고 있구나' 라는 것을 확인한다.

공원 내 여러 트레일 중 제일 바깥쪽을 골라 빠른 보폭으로 착착착착 걸으면 30~40분정도면 한 바퀴를 돈다. 걷기에 가장 좋은 계절은 역시 봄이다. 막 올라오는 새순이며연초록으로 덮여가는 신록이 여간 신기한 게 아니다. 재잘재잘 새소리, 돌돌돌 물소리도 신비롭고 경이롭다. 단풍 짙어가는 가을도 좋다. 잎을 떨구고 나목만 남은 앙상한 숲길을 걷는 것도 운치가 있다. 알싸한 아침 공기, 청명하게 높은 하늘을 음미해가며 시린손을 용감하게 흔들며 성큼성큼 걸어보는 것은 겨울 걷기의 재미다.

걷는다는 것은 단순히 몸만 움직이는 것이 아니다. 원래 머리를 쓰면 몸은 정지한다. 거꾸로 몸을 움직이면 머리가 쉰다. 몸과 머리의 상호작용 원리다. 주말 한 두시간 땀 흘려 걷고 나면 자신도 모르게 머리가 맑아지고 몸이 다시 균형을 회복하는 것도 이런 원리가 작동하기 때문일 것이다.

주소 | 올드노크로스 로드 입구 3251 McDaniel Rd, Duluth, GA
돌루스 하이웨이 입구 3020 McDaniel Rd. Duluth, GA

공원 입구는 올드노크로스 로드와 둘루스 하이웨이쪽에서 들어가는 길 두 곳이 있다. 농장 시설을보려면 올드노크로스쪽에서 들어가면 된다. 입장료 무료.

남부에 대한 애향심·자부심 가득 담긴 종합 박물관

24) 애틀랜타 히스토리센터
& 스완하우스
Atlanta History Center & Swan House

영화 '바람과 함께 사라지다(Gone with the Wind)'를 다시 봤다. LA를 오가는 델타항공 비행기에서다. 오래 전 두세 번 봤던 영화였지만 요즘 조지아에 살아서인지 영화가 완전히 새로웠다. 마음에 담고도 끝내 이루지 못한 사랑을 평생 간직하며 억척스럽게 살아가는 주인공 스칼렛 오하라(비비안 리). 그녀의 절절한 연심(戀心)과 분투가 이야기의 중심축이다. 하지만 그게 다가 아니었다. 남북전쟁 전후의 전쟁 상황과 남부 인물들의 캐릭터가 너무나 생생했다. 폐허가 된 애틀랜타, 불탄 집과 황폐화한 농장들, 하루 아침에 구걸 신세로 전락한 남부 사람들의 눈물겨운 사투가 다큐멘터리처럼 녹아 있었다.

영화는 1936년 출간된 마가렛 미첼(1900~1949)의 소설이 원작이다. 미첼은 이 한 편의 소설로 미국의 대표적 작가가 되었다. 애틀랜타에 살면서 그녀가 살던 집은 한 번 가보는 것이 도리이겠다 싶어 검색을 하다가 뜻밖에 애틀랜타 히스토리센터를 알게 됐다.

조지아를 비롯해 남부를 다녀보면 어딜 가나 남북전쟁 흔적들이 있다. 그냥 있는 게 아니라 애지중지 보호하고 기린다. 그런 전쟁터와 파괴된 건물, 기념관들을 가보면 마치 '잊지 말자, 남북전쟁'이라고 다짐하는 것만 같다. 남부인의 관점에서 기술된 미국 역사를 읽어 보면 그 이유를 알 것 같다. 남북전쟁을 보는 시각이 교과서에서 배웠던 그것과는 상당히 다르다는 말이다.

남부는 스스로 미국의 중심이라고 생각했다. 자신들이 신세계 미국 정신의 진정한 구현자라는 자부심도 강했다. 고향과 전통을 지키려는 정신과 사기 또한 북부보다 현저히 높았다 그렇기 때문에 '근본도 모르는 상것'이라며 얕잡아봤던 북부에 패배했다는 사실은 받아들이기 힘들었다. 전쟁에는 졌지만 그것이 순전히 물질적, 군사적 열세 때문이었지 도덕이나 정신의 문제는 아니었다고까지 생각했다.

전쟁의 상처는 북부 '양키'에 대한 분노와 적개심으로 바뀌어 대를 이어 뇌리에 각인되었다. 연방 정부의 포용정책으로 남부는 다시 재건되었지만 마음속 응어리는 여전히 남아 있었다. 지금도 도시 외곽으로 가면 심심치 않게 당시 남부연합 깃발을 볼 수 있는 것도 같은 맥락일 것이다.

애틀랜타는 남북전쟁의 최대 격전지이자 피해지였다. 패배의 상흔이 너무 컸다. 지금의 애틀랜타는 그런 아픔 위에 다시 세워진 기적의 도시다. 그 과정을 오롯이 모아놓은 곳이 애틀랜타 히스토리 센터(Atlanta History Center)다. 애틀랜타 최고 부촌이라

Gone With the Wind Published

Margaret Mitchell's novel, Gone With the Wind, was released June 30, 1936. Translated into more than 40 languages, the Pulitzer Prize-winning book remains one of the best-selling novels of all time. When David O. Selznick's popular, yet controversial, film adaptation debuted in Atlanta at Loew's Grand Theater in December 1939, it broke box office records during its first run.

Gone With the Wind

Macmillan and Company, New York, 1936; Kenan Research Center at Atlanta History Center Gone-With-the-Wind Collection.

Publisher Macmillan and Company hired George Carlson to create the artwork dust jacket. Margaret Mitchell believed convey a "Southern sensibility." Ca from New England and his mother as a housekeeper for U.S. Genera

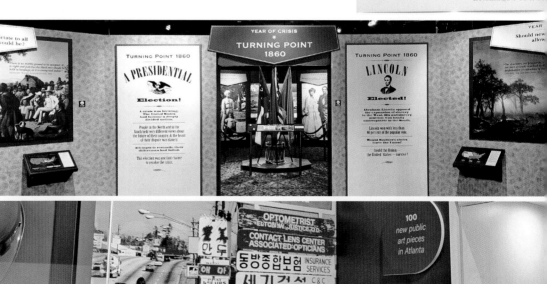

는 벅헤드에 자리 잡은 이곳은 미국 최대의 역사박물관이자 연구소다. 전체 부지가 33에이커에 달한다. 거대한 전시관은 물론이고 1920년대 저택 스완하우스(Swan House)를 비롯해 농장과 캐빈 등 남부인들의 옛 생활 공간까지 센터의 일부로 포함되어 있다. 주제별로 가꿔놓은 정원도 훌륭하다. 마가렛 미첼 하우스도 같은 역사센터 관할이지만 위치는 애틀랜타 다운타운에 따로 있다. (주소: 979 Crescent Ave NE, Atlanta, GA 30309)

땅값 비싼 벅헤드 중심에 이 정도 넓은 공간과 대규모 시설을 갖추기 쉽지 않았을 테지만 오랜 세월 꾸준히 기부 받고 기증 받고 구입도 한 결과였다. 한국의 독립기념관 건립 당시 전 국민이 십시일반 성금을 보냈던 것처럼 과거를 잊지 않겠다고 하는 애틀랜타 사람들의 '역사 기억' 의지였던 것이다.

역사센터의 뿌리는 1926년 발족된 애틀랜타 역사협회(Atlanta Historical Society) 였다. 남북전쟁 관련 연구 및 자료 수집을 위해 지역 유지들끼리 시작한 소규모 모임이었다. 지금의 이름으로 바뀐 것은 1990년부터다. 전시관은 1993년 문을 열었다. 이후 지속적으로 확장해 지금은 9개의 상설 전시관과 주제별 임시 전시관을 갖춘 종합 박물관이 되었다. 역사센터 내 키난연구소(Kenan Research Center)는 미국에서 가장 많은 남북전쟁 관련 자료를 보유하고 있는 연구소로 꼽는다. 주요 상설 전시관은 다음과 같다.

▶올림픽 기념관 애틀랜타 1996 1996년 올림픽 게임에 관한 종합 기록관이다. 애틀랜타 시민 생활에 미친 영향을 상세히 다루고 있다.

▶원형 파노라마 극장 사이클로라마(Cyclorama) 남북전쟁의 최대 격전지였던 애틀랜타 전투 상황을 대형 스크린으로 재현한다.

▶**철도 전시실 로코모션**(Locomotion)　애틀랜타가 동남부 교통의 허브이자 상업 중심지로 성장하는데 기여한 철도의 역할을 보여준다.

▶**남북전쟁 기념관 터닝 포인트**(Turning Point)　미국 역사의 물줄기를 바꾼 남북 전쟁에 관한 종합 기록관이다. 당시의 사진, 전쟁 무기, 제복 등 1400여점의 관련 자료들이 전시되어 있다.

▶**생활 문화 전시관 개더라운드**(Gatheround)　현재의 애틀랜타가 어떻게 형성되고 발전되어 왔는지, 애틀랜타 사람들의 생활과 문화는 어떻게 변화해 왔는지를 보여준다. 이민사회의 성장도 엿볼 수 있다.

▶**민속 박물관 셰이핑 트러디션**(Shaping Traditions)　의복, 음식, 노래 등 미국 남부의 다양한 민속 예술이 어떻게 전통으로 형성되어 왔는지를 보여준다.

▶**원주민 생활관 네이티브 랜드**(Native Lands)　크리크족, 체로키 족 등 조지아를 생활터전으로 삼았던 아메리칸 인디언 부족들에 관해 간략하게 전시하고 있다.

▶**바비 존스 기념관 페어 플레이**(Fair Play)　1930년대 세계 4대 메이저 대회를 석권한 애틀랜타 출신 골프 영웅의 일대기를 보여준다.

나는 두 시간 여에 걸쳐 구석구석 둘러봤다. 한 공간에 이렇게나 많은 전시관을 갖춰 놓고 있다는 것이 놀라웠다. 어느 전시실이든 대충 보고 지나가기엔 아까운 내용이라는 것은 더 놀라웠다. 특히 올림픽 기념관, 남북전쟁 기념관, 생활 문화 전시관은 더 흥미롭고 유익했다. 한국 관련 기록이나 애틀랜타 한인사회 초기 모습을 유추해 볼 수 있는 사진이나 전시품들을 만날 때는 더욱 반가웠다.

뮤지엄 외에 꼭 들러야 할 곳이 '**스완하우스**'와 주변 정원이다. 국가 사적지로 보호

되고 있는 이곳은 젊은 세대에게 큰 인기를 모았던 영화 '헝거게임' 촬영 세트장으로 더욱 유명해 진 곳이다.

1928년에 완공된 이 집은 에드워드 인만(Edward Inman, 1881~1931)이라는 사람의 집이었다. 인만은 면화 산업으로 큰돈을 번 애틀랜타 유지였다. 면화 외에 철도, 부동산, 철강 사업에서도 두각을 나타냈으며 남북전쟁 후 파괴된 애틀랜타 도시 재건을 위해 크게 기여했다. 애틀랜타 시의원이자 풀턴카운티 커미셔너로 지역 정치에도 관여했다. 그의 부인은 여성 참정권 운동에 평생을 헌신한 여성운동가로 스완하우스에는 그녀의 이런 노력과 활동 상황이 전시되어 있다.

스완하우스 설계자는 필립 트라멜 슈츠라는 유명한 건축가다. 백조를 모티프로 건축된 집이라 해서 스완하우스(Swan House)라는 이름이 붙었다. 백조는 인만의 아내가 가장 좋아하는 새였다. 인만 사후 오랫동안 이집을 지켰던 그의 아내는 백조 이미지의 우아한 중앙 계단을 보호하기 위해 집안 식구들에게 이 계단 대신 뒤쪽 계단만 이용하게 했다고 한다. 이 집은 인만 부인이 죽은 후 1966년 애틀랜타 역사협회에 팔렸다. 협회는 복원 작업을 마친 후 1967년부터 일반에 공개했다. 역사센터의 일부가 된 것은 1993년부터다.

집은 지하와 지상 3층 규모다. 1층과 지하에는 이 집의 설계자였던 필립 슈츠(Philip Trammell Shutze)의 생활 수집품을 모아놓은 전시실이다. 중국산 수입 가구, 양탄자, 그림, 도자기 등이 볼 만하다. 지하 주방은 물론 1층의 중후한 서재, 2층의 화려한 생활공간은 1920년대 남부 부유층의 생활 모습을 엿볼 수 있게 한다. 3층은 소박한 하인들 숙소가 당시 모습 그대로 복원되어 있고 인만 아내의 여성참정권 운동 기념관도 따로 꾸며져 있다. 전체적으로는 애쉬빌에 있는 세계 최대 민간 저택 빌트모어 하우스의 10분의 1 축소판 같다는 느낌이었다.

집 주변으로 아기자기한 조경을 따라 여러 갈래 산책로가 나 있어서 가볍게 걷기에 좋다. 옛날 오두막집도 만나고 오래된 농장도 있다. 역사박물관과 스완하우스 사이에 있는 계곡 정원도 꼭 걸어봐야 한다. 나는 2021년 늦가을에 들렀는데 짙어가는 단풍이 기가 막혔다. 필경 꽃 피는 봄날도 좋을 것이다. 한국이나 타주에서 손님이 오면 스톤마운틴만 데려가지 말고 이런 곳도 구경시켜 준다면 좋아할 것 같다.

주소 | 130 W Paces Ferry Rd NW, Atlanta, GA 30305

입장료 $23.41, 65세 이상은 $19.41로 뮤지엄, 연구소, 스완하우스, 가든 등 모든 공간을 다 둘러볼 수 있다. 이것저것 음식을 먹을 수 있는 카페도 분위기가 괜찮다.

▶웹사이트: www.atlantahistorycenter.com

22마일 도심 순환 산책로

25 애틀랜타 벨트라인
Atlanta Beltline

걷기 좋은 도시가 명품 도시다. 얼마나 걷기 좋은가가 현대 도시의 경쟁력이다. 세계 주요 도시들이 다투어 걷기 공간 확보에 나서고 있는 이유다. 시민들이 육체적 정신적으로 더 건강한 삶을 누릴 수 있도록 도보 친화적인 공간을 제공하는 것이 최우선 도시 정책이 됐다. 지금 애틀랜타도 그 대열에 동참해 있다. 도심 순환 산책로 '애틀랜타 벨트라인(Atlanta BeltLine)'은 그 생생한 현장이다.

재작년 애틀랜타에 왔을 때 처음 벨트라인 이야기를 들었다. 걷기 좋아하는 나를 잘 아는 어떤 선배의 추천이었다. "애틀랜타 도심 외곽을 한 바퀴 돌 수 있도록 연결한 트레일이 있어. 10여 년 전부터 공사를 시작했는데 반쯤 완공됐지. 다 연결하면 22마일인가 그래. 애틀랜타 살게 됐으니 한 번은 걸어봐야 하지 않겠어?" 그 말을 마음에 새겼지만 2년이 다 돼가도록 가 보지 못했다. 둘루스에 살다 보니 다른 걷기 좋은 곳도 많은데 굳이 애틀랜타 시내까지 나가 걸을 일이 없어서였다. 그렇게 미뤄오다 마침내 2022년 6월 주말 벨트라인 일부를 걸었다. 산을 걸을 때, 숲을 걸을 때와는 또 다른 맛이 있었다. 먼저 벨트라인이 어떤 곳인지부터 소개한다.

애틀랜타 벨트라인은 현재진행형인 초대형 도심 재개발 프로젝트다. 2006년 7월 착공했다. 최종 완공까지는 25년 정도가 걸릴 것으로 예상한다. 완공 후엔 전체 22마일의 도심 순환 트레일이 생긴다. 주변 연결망까지 합치면 33마일에 이른다. 이미 반 이상이 완공됐다.

벨트라인은 시멘트 포장 산책로다. 일부 트레일은 아직 비포장이지만 걸을 수는 있다. 걷기뿐 아니라 자전거, 보드도 탈 수 있고 유모차나 휠체어를 밀고 걸을 수도 있다. 주변 공원과 상가 식당 등과도 연결된다. 주변엔 아파트나 주택 등 새로운 주거 공간도 들어선다. 벨트라인에 접근하기 쉽도록 경전철, 노면 전차 등의 교통 연결편도 함께 추진된다.

시작은 1999년 조지아텍의 한 대학원생 석사 논문에서였다. 라이언 그래블(Ryan Gravel)이라는 학생이었다. 그는 애틀랜타의 고질적인 교통체증이 차량 중심의 이동 구조 때문이라고 생각했다. 사람이 걸을 수 있는 길을 만드는 것이 해결책이라는 주장을 담아 논문을 썼다. 더는 사용하지 않는 옛 철길과 주변 부지를 활용해 도심 순환 산책로를 조성하고, 노면 전차 노선 및 경전철 역 건설, 문화 공간 조성, 공공주택 건립 등을 통해 애틀랜타 주변 지역을 균형 있게 발전시킨다는 것이 골자였다.

한 젊은이의 꿈이었을 뿐인 벨트라인 구상은 2002년, 실현 가능한 현실로 떠올랐다. 당시 애틀랜타 시장으로 새로 당선된 셜리 프랭클린(Shirley Franklin) 시장이 주목했다. 높은 실업률과 빈부 격차, 그리고 인종 간 분리로 골머리를 앓던 애틀랜타 시의 돌파구가 될 것이라 본 것이다. 벨트라인 프로젝트는 애틀랜타 시의 공식 의제가 됐다. 그리고 2006년 마침내 첫 삽을 떴다.

각 구간별로 트레일이 하나씩 완공되어 갔다. 2010년 노스사이드(Northside), 2012년 이스트사이드(Eastside), 2017년에 웨스트사이드(Westside) 트레일이 차례로 오픈했다. 16년이 지난 2022년 현재 프로젝트는 일단 성공적이다. 유력 지역 언론인 애틀랜타 비즈니스 크로니클(ABC)은 2020년 3월의 한 특집 기사에서 이렇게 썼다.

"애틀랜다 벨트라인은 오랫동안 방치된 애틀랜타 도심의 저소득 지역 재개발 사업이 어떻게 성공할 수 있는지 보여주는 좋은 모델이다." ABC는 이어 "2019년 한 해 동안 애틀랜타 벨트라인의 경제적 효과가 60억 달러를 넘었다"며 "주변 상권 활성화로 수많은 고급 인력들이 벨트라인으로 흡수되었으며, 주변 상권과 주택가 역시 활기를 띠기 시작했다"고 평가했다.

그늘도 있다. 벨트라인 주변 상권이 살아나면서 주변 집값도 함께 뛰었다. 본래 살던 사람들은 치솟는 주거비를 감당하지 못해 벨트라인 밖으로 더 밀려나게 되었다.

지역 격차 해소와 저소득층 지역의 주거 환경, 생활 환경 개선을 목적으로 시작된 프로젝트가 무색했다. 결과적으로 벨트라인은 도시를 아름답게는 하고 있지만 원주민들은 떠나야 하는 젠트리피케이션(Gentrification) 현장이 되었다.

그럼에도 애틀랜타 벨트라인 자체만 보면, 걷고 즐기고 누리는 사람이 갈수록 늘어나고 있다는 것은 놀랍다. 보다 자연 친화적이며 역사와 전통이 흐르고 인문학적 유산이 어울려 숨 쉬는 미래 도시의 싹이 이곳에서 자라고 있다는 것도 고무적이다. 벨트라인 동쪽 구간인 이스트사이드 트레일은 이를 직접 확인해 볼 수 있는 대표적인 코스다.

옛 철길과 주변 부지를 재개발한 이스트사이드 트레일은 애틀랜타 미드타운 피드몬트 공원 공원(Piedmont Park) 끝에서 레이널스타운(Reynoldstown)까지 이어지는 약 3마일 구간이다. 한해 이곳을 걷는 사람만 200만 명에 이른다. 피드몬트 공원 끝 말고도 폰스시티마켓(Ponce City Market)과 디캡 애비뉴와 크로그 스트릿(Krog Street NE)이 만나는 곳 등 세 곳이 큰 출입구다. 그밖에 트레일 인접 동네에서도 들어갈 수 있는 길이 곳곳에 있다.

지난 주말 이곳을 걸었다. 그 전에 먼저 피드몬트 공원을 찾았다. 주차도 할 겸, 애틀랜타의 센트럴파크로 불리는 대표적 도심 공원도 둘러볼 겸 해서였다. 소문대로 공원은 넓고 예뻤다. 호수가 있고 나무가 많고 물 위에 비친 도심 고층 건물도 그림엽서 같았다. 이른 오전 시간임에도 한가로이 앉아 쉬는 사람, 땀 흘려 달리는 사

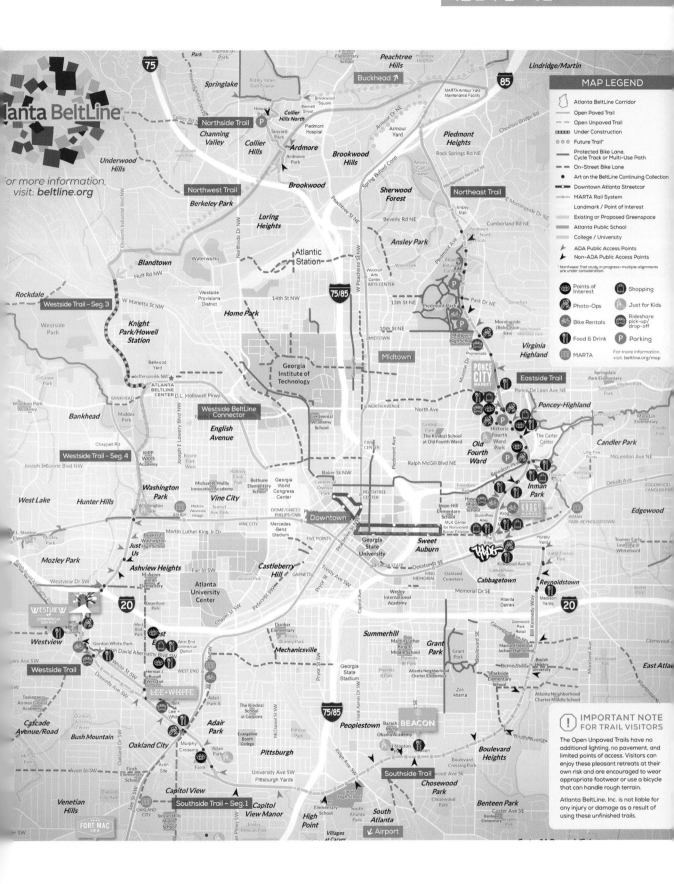

람, 개와 함께 산책하는 사람들이 많았다. 그들이 그려내는 평화로운 풍경이 말 그대로 애틀랜타 시민 낙원 같았다.

이스트사이드 트레일은 공원 남쪽을 벗어나 길 건너로 바로 이어졌다. 이곳은 더 활기찼다. 걷는 사람, 뛰는 사람, 부지런히 자전거 페달을 밟는 사람들의 상기된 표정에서 젊은 도시의 맥박이 그대로 전해져 왔다. 길은 깨끗했고 곳곳에 벨트라인 에티킷 안내 게시판이 보여 당국이 얼마나 관리에 신경 쓰고 있는지 느껴졌다. 보행자 안전을 위한 보안 카메라도 곳곳에 설치돼 있었다.

예쁜 카페, 멋진 식당, 쾌적한 오피스 빌딩, 한창 짓고 있는 공동주택들 사이로 트레일은 계속 이어졌다. 중간중간 만나는 벽화와 설치 미술 작품을 보는 눈 호강도 큰 즐거움이었다. 전 구간이 완공되면 모두 450여 개의 설치미술, 벽화 등이 전시된다고 하니 그때는 벨트라인 전체가 하나의 미술관이 될 것 같다.

한시간 남짓 걸어 히스토릭 포스 워드 공원(Historic Fourth Ward Park)에서 땀을 식혔다. 조금 더 걸어 프리덤파크 트레일(Freedom Park Trail) 만나는 곳까지 갔다. 지미 카터 전 대통령 센터가 있는 프리덤공원으로 이어지는 길이다. 걸은 거리를 보니 2마일 정도였다. 트레일은 아직 1마일쯤 더 남았지만 이쯤에서 발길을 돌리기로 했다. 오는 길에 지나쳐온 폰스 시티 마켓(Ponce City Market)을 둘러보기 위해서였다.

폰스시티마켓은 옛날 공장 건물을 상가로 리모델링한, 애틀랜타 젊은 세대의 핫플

레이스다. 다양한 맛집이 있고 재미난 쇼핑 거리도 많다. 최근엔 한국식 길거리 음식 매장이 들어섰다 해서 한인 신문에도 크게 소개됐다. 사지 않아도, 먹지 않아도 구경하는 재미가 컸다.

어느새 세 시간이 훌쩍 흘렀다. 다시 차를 세워둔 피드몬트 공원으로 돌아왔다. 피곤했다. 다리도 뻐근했다. 하지만 걷고 난 뒤의 피곤함은 온종일 컴퓨터 앞에 앉아 일한 뒤에 느끼는 피곤함과는 차원이 다른, 기분 좋은 피로감이다. 그런 날은 꿈도 꾸지 않는 깊은 잠에 빠진다. 그날 밤도 그랬다.

애틀랜타 벨트라인, 도심 가까이 살지 않으면 별로 갈 일이 없을지도 모른다. 그러나 주변 생활자들에겐 이만한 오아시스가 없을 것 같다. 누가 애틀랜타를 찾아와도 차 태워 멀리 나들이만 할 게 아니라 이런 도심 트레일을 걷는 것도 멋진 추억이 될 것이다. 마침 올 여름 멀리서 친구가 온다하니 그때 함께 또 걸어봐야 겠다.

> 주소 | 피드몬드 공영 주차장: 1320 Monroe Drive, Atlanta, GA 30306
> 폰스시티마켓: 675 Ponce De Leon Ave NE, Atlanta, GA 30308

이스트사이드 트레일은 애틀랜타의 센트럴파크라 불리는 피드몬트 공원을 거쳐가면 일거양득이다. 길거리 주차도 가능하지만 처음 방문자라면 안전하고 편한 피드몬트 공영 주차장을 이용하는 것도 방법이다. 공원 입장료는 없고 주차비만 내면 된다. 폰스시티마켓을 통해서도 벨트라인 트레일을 걸을 수 있다.

GO, GEORGIA!

2022 애틀랜타 하이킹 가이드

한눈에 보는
조지아 48개주립공원

The
JoongAng
중앙일보

조지아주에는 총 48개의 주립공원(State Park)이 있다. 주에서 관리하는 사적지(State Historic Site) 15개까지 합치면 모두 63개가 된다. 이 중 5개 주립공원은 2008년 경제 위기 이후 플로리다에 기반을 둔 민간 리조트 회사(Coral Hospitality)에 위탁해 운영하고 있다. 5개는 아미카롤라 폭포, 유니코이, 리틀 오크멀기(Little Ocmulgee), 조지아 베터런스, 조지 T. 배그비(George T. Bagby) 주립공원이다.

가장 오래된 조지아 주립공원은 1931년 조지아 주립공원 시스템 출범과 함께 지정된 인디언 스프링스 주립공원과 보겔 주립공원이다. 가장 최근에 지정된 곳은 돈 카터 주립공원이다. 애틀랜타 다운타운 기준으로 보면 스윗워터 크리크, 레드톱 마운틴, 채터후치 벤드 주립공원은 모두 30~40분 거리에 있다. 한인들 많이 사는 귀넷카운티 기준으로 보면 돈 카터, 포트 야고, 하드 레이버 크리크, 클라우드 랜드 캐년, 아미카롤라 폭포 주립공원 등도 한 시간 전후 운전으로 충분히 갈 수 있다.

주립공원 대부분은 호수나 강을 끼고 있어 하이킹과 캠핑은 물론 보트 타기, 낚시 등 수상 레저를 즐길 수 있다. 남쪽 강변이나 해안가로 가면 골프, 카누, 카약, 나무타기, 야간 하이킹 등이 가능한 곳도 많다.

클라우드 랜드캐년이나 레드톱 마운틴, 하이폴스, 포트 야고, 타갈루, 스윗워터 크리크 주립공원에서는 가구와 전기 시설을 갖춘 유르트에서 글램핑을 즐길 수 있다. 글램핑은 글래머(Glamour)와 캠핑(Camping)의 합성어로 캠핑 시설과 장비가 미리 갖추어져 있는 곳을 이용하는 '럭셔리 캠핑'을 말한다.

2022년 현재 조지아 주립공원 입장료(주차비, 승용차 1대 기준)는 5달러이며 1년간 무제한 입장이 가능한 연간 이용권은 40달러다. 조지아주 천연자원국(Georgia Department of Natural Resources) 관할 주립공원 48개의 기본 특징을 소개한다.

▶ **보기=** 공원 이름(알파벳순) / 크기(에이커) / 주소 / 특징 / 주황색 글씨*는 앞 본문 중에 따로 소개한 주립공원이다.

1. A.H. Stephens State Park

1,177 / 456 Alexander Street NW, Crawfordvill, GA 30631 (Taliaferro County) / 어거스타 서쪽에 있다. 남북전쟁 당시 남부연합 부통령이자 조지아 주지사의 이름을 딴 공원이다. 조지아에서 가장 훌륭한 남북전쟁 유물 컬렉션으로 유명한 남부연합 박물관이 있다.

2. Amicalola Falls State Park & Lodge *

829 / 418 Amicalola Falls Road Dawsonville, GA 30534 (Dawson County) / 미시시피강 동쪽에서 가장 높은 폭포인 아미카롤라폭포를 중심으로 한 주립공원이다. 애팔래치안 트레일 남쪽 종점인 스프링어 마운틴까지 이어지는 8.5마일 트레일이 유명하다.

3. Black Rock Mountain State Park *

1,743 / 3085 Black Rock Mountain Pkwy, Mountain City, GA 30562 (Rabun County) / 조지아에서 가장 높은 곳에 있는 주립공원이다. 블루리지 산맥에서 가장 전망이 탁월하다.

4. Chattahoochee Bend State Park

2,910 / 425 Bobwhite Way, Newnan, GA 30263 (Coweta County) / 조지아의 젖줄인 채터후치 강변의 대표적 주립공원이다. 숲과 강이 어우러진 하이킹 코스 유명하다.

5. Cloudland Canyon State Park

3,488 / 122 Cloudland Canyon Park Rd. Rising Fawn, GA 30738 (Dade County) / 조지아 북서쪽 끝, 룩아웃 마운틴 서쪽 깊은 협곡 위에 있다. 울창한 숲을 가로지르는 트레일과 폭포 경치가 빼어나다. 산악자전거 애호가를 위한 30마일 트레일이 최근 개장했다.

6. Crooked River State Park

500 / 6222 Charlie Smith Senior Highway, St. Marys, GA 31558 (Camden County) / 조지아 최남단 플로리다 접경 바닷가에 있다. 해안 생태계를 살필 수 있으며 낚시도 인기다. 한적한 해변과 야생마로 유명한 컴벌랜드 아일랜드 국립해안(Cumberland Island National Seashore)으로 가는 페리 선착장이 가깝다.

7. Don Carter State Park *

1,316 / 5000 North Browning Bridge Rd. Gainesville, GA 30506 (Hall County) / 애틀랜타의 상수원이자 올림픽 조정 경기가 열렸던 3만8000에이커 크기의 래니어

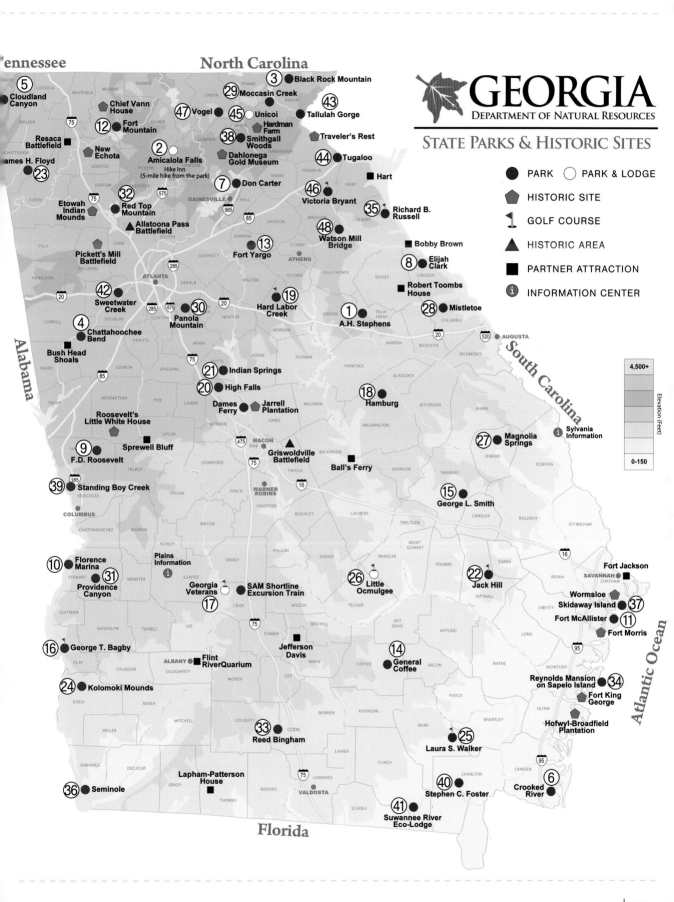

GEORGIA
DEPARTMENT OF NATURAL RESOURCES

STATE PARKS & HISTORIC SITES

● PARK   ○ PARK & LODGE

⬠ HISTORIC SITE

⛳ GOLF COURSE

▲ HISTORIC AREA

■ PARTNER ATTRACTION

ⓘ INFORMATION CENTER

Tennessee

North Carolina

Alabama

South Carolina

Atlantic Ocean

Florida

4,500+

Elevation (Feet)

0-150

5 Cloudland Canyon
Chief Vann House
12 Fort Mountain
Resaca Battlefield
New Echota
James H. Floyd
23
2 Amicalola Falls
Hike Inn (5-mile hike from the park)
7 Don Carter
Etowah Indian Mounds
32 Red Top Mountain
Allatoona Pass Battlefield
Pickett's Mill Battlefield
42 Sweetwater Creek
ATLANTA
4 Chattahoochee Bend
Bush Head Shoals
30 Panola Mountain
13 Fort Yargo
ATHENS
19 Hard Labor Creek
1 A.H. Stephens
21 Indian Springs
20 High Falls
Dames Ferry
Jarrell Plantation
Roosevelt's Little White House
9 F.D. Roosevelt
Sprewell Bluff
MACON
Griswoldville Battlefield
Ball's Ferry
18 Hamburg
39 Standing Boy Creek
COLUMBUS
27 Magnolia Springs
15 George L. Smith
10 Florence Marina
31 Providence Canyon
Plains Information
Georgia Veterans
17
SAM Shortline Excursion Train
26 Little Ocmulgee
22 Jack Hill
16 George T. Bagby
ALBANY
Flint RiverQuarium
24 Kolomoki Mounds
14 General Coffee
Jefferson Davis
33 Reed Bingham
25 Laura S. Walker
Lapham-Patterson House
VALDOSTA
36 Seminole
40 Stephen C. Foster
6 Crooked River
41 Suwannee River Eco-Lodge

3 Black Rock Mountain
29 Moccasin Creek
43 Tallulah Gorge
47 Vogel
45 Unicoi
Hardman Farm
38 Smithgall Woods
Dahlonega Gold Museum
Traveler's Rest
44 Tugaloo
Hart
46 Victoria Bryant
35 Richard B. Russell
48 Watson Mill Bridge
Bobby Brown
8 Elijah Clark
Robert Toombs House
28 Mistletoe
AUGUSTA
Sylvania Information
SAVANNAH
Fort Jackson
Wormsloe
Skidaway Island
37
Fort McAllister
11
Fort Morris
Reynolds Mansion on Sapelo Island
34
Fort King George
Hofwyl-Broadfield Plantation
Stephen C. Foster

호수(Lake Lanier)에 있는 유일한 주립공원이다.

8. Elijah Clark State Park

447 / 2959 McCormick Hwy, Lincolnton, GA 30817 (Lincoln County) / 어거스타 북쪽, 사우스캐롤라이나와 경계를 이루는 미국 남동부에서 가장 큰 호수인 71,100에이커의 클락스 힐 호수(Clarks Hill Lake) 서쪽에 있다. 일라이자크라크(Elijah Clark)는 독립전쟁 때 활약한 조지아 전쟁 영웅이다. 1780년대 그의 통나무집과 그의 아내 무덤이 있다.

9. F.D. Roosevelt State Park

9,049 / 2970 Georgia Hwy 190, Pine Mountain, GA 31822 (Harris County) / 조지아 남쪽 파운틴 마운틴 산자락에 있는 조지아 최대 주립공원이다. 소아마비를 앓은 FD 루스벨트 대통령이 이 지역 온천에서 요양했으며 그가 머물던 집은 리틀 화이트 하우스로 주립 사적지(Little White House State Historic Site)지정돼 있다.

10. Florence Marina State Park *

173 / 218 Florence Rd. Omaha, GA 31821 (Stewart County) / 앨라배마 접경 채터후치강과월터F. 조지 호수가 만나는 지역에 있다. 탐조 여행의 명소이며 캠핑장으로도 유명하다. 조지아의 리틀그랜드캐년으로 불리는 프로비던스 캐년 주립공원이 8마일 거리에 있다. (프로비던스 캐년 참고)

11. Fort McAllister State Park

1,725 / 3894 Fort McAllister Rd. Richmond Hill, GA 31324 (Bryan County) / 사바나 남쪽 I-95 고속도로 근처, 오기치 강(Ogeechee River) 유역에 있다. 남북전쟁 당시 남부연합의 요새의 모습을 볼 수 있다.

12. Fort Mountain State Park

3,712 / 181 Fort Mountain Park Rd. Chatsworth, GA 30705 (Murray County) / 60마일에 이르는 하이킹 코스와 유서 깊은 소방탑이 있다. 명확한 기원이 알려지지 않은 855피트 길이의 신비한 돌벽도 있다. 빼어난 전망도 자랑거리다.

13. Fort Yargo State Park *

1,816 / 210 South Broad St. Winder, GA 30680 (Barrow County) / 둘루스, 스와니 등 한인 밀집지역에서 비교적 가깝다. 물놀이, 하이킹 등이 가능하고 한인들 모임

장소로도 인기다. 18~19세기 정착민들의 교역 중심지였다. 1793년에 지은 통나무 벽돌집이 유명하다.

14. General Coffee State Park

1,511 / 46 John Coffee Rd. Nicholls, GA 31554 (Coffee County) / 남부 조지아의 전통 통나무 집 헛간 등 농장 분위기를 엿볼 수 있다. 19세기 초 연방하원의원이자 원주민 부족과의 전쟁 당시 유명 장군이었던 존 커피(1772~1833) 장군의 이름을 따서 명명됐다. 조지아 외에도 앨라배마, 테네시에도 그의 이름에서 유래된 커피 카운티가 있다.

15. George L. Smith State Park

1,634 / 371 George L. Smith State Park Rd. Twin City, GA 30471 (Emanuel County) / 조지아 남동부에 있는 호수 낀 공원이다. 카누나 패들 보트를 타고 이끼 덮인 사이프러스 나무 아래를 탐험하는 재미가 탁월하다. 왜가리, 따오기 등의 조류를 볼 수 있고 1880년에 건설된 제분소, 제재소와 지붕 덮인 다리도 사진을 찍으면 예쁘다.

16. George T. Bagby State Park

770 / 330 Bagby Pkwy. Fort Gaines, GA 39851 (Clay County) / 조지아 남서부 앨라배마 접경의 월터 F. 조지 호수(Lake Walter F. George = Lake Eufaula) 기슭에 있다. 수상 레저를 즐길 수 있고 메기나 배스 낚시가 유명하다.

17. Georgia Veterans State Park

1,308 / 2459-H US Hwy. 280 West, Cordele, GA 31015 (Crisp County) / 참전 용사를 기리기 위해 1946

년 만들어졌다. 조지아 남쪽 I-75 인근 그림 같은 블랙시어 호수(Lake Blackshear)에 자리 잡고 있다. 골프, 낚시, 보트 타기 등을 즐길 수 있다. 민간 업체(Coral Hospitality)에 위탁, 운영하는 5개 조지아 주립공원 중 하나다.

18. Hamburg State Park

741 / 6071 Hamburg State Park Rd. Mitchell, GA 30820 (Washington County) / 조지아 동쪽 오거스타 못 미쳐 I-20 남쪽에 있다. 조지아 시골 분위기를 느낄 수 있으며 1920년대 수력을 이용한 제분소가 남아있다.

19. Hard Labor Creek State Park

5,804 / 5 Hard Labor Creek Rd. Rutledge, GA 30663 (Morgan County) / 코빙턴과 매디슨 중간 I-20 인근에 있다. 골프, 승마로 유명하다. 노예나 아메리칸 인디언들이 건너기 힘든 개울이라는 데서 유래된 하드 레이버 크리크는 연방 사적지(the National Register of Historic Places)로 지정돼 있다.

20. High Falls State Park

1,050 / 76 High Falls Park Drive, Jackson, GA 30233 (Monroe County) / 애틀랜타 남쪽, 메이컨 북서쪽 I-75 고속도로 인근에 있다. 하이폴스는 토월리가강(Towaliga River)에서 떨어지는 계단식 폭포 이름이다. 동남쪽으로 30분 거리에 하이폴스 주립공원이 관할하는 Dames Ferry Campground(9546 GA Hwy 87, Juliette, GA 31046)가 있다. Ocmulgee강 인근 줄리엣 호수(Lake Juliette)를 낀 이곳은 멋진 호안 경치와 낚시터로 유명하다. 근처에 영화 '프라이드 그린 토마토'로 유명해진 작은 마을 줄리엣이 있다.

21. Indian Springs State Park

528 / 678 Lake Clark Rd. Flovilla, GA 30216 (Butts County) / 1825년부터 운영된 미국에서 가장 오래된 공원이다. 유황 냄새 가득한 온천은 미네랄이 풍부해 옛 원주민들도 치유력이 있다고 믿었다.

22. Jack Hill State Park

662 / 162 Park Lane Reidsville, GA 30453 (Tattnall County) / 조지아 남동부 시골 마을에 있는 휴양지다. 유명한 Brazell's Creek 골프장이 있고, 자전거나 낚시, 보트를 즐길 수 있다. Gordonia-Alatamaha 주립공원이었으나 2020년에 지역 사회를 위해 많은 일을 한 잭힐 조지아 상원의원을 기려 이름을 바꿨다.

23. James H. 'Sloopy' Floyd State Park

561 / 2800 Sloppy Floyd Lake Rd. Summerville, GA 30747 (Chattooga County) / 조지아 북서부 앨라배마 접경 채터후치 국유림 속의 조용한 공원이다. 2개의 호수를 끼고 있으며 작은 폭포와 주변 트레일이 예쁘다. 공원 이름은 1953~74년 기간 동안 조지아 하원의원을 지낸 사람 이름을 따서 지었다.

24. Kolomoki Mounds State Park

1,293 / 205 Indian Mounds Rd. Blakely, GA 39823 (Early County) / 조지아 남서부 앨라배마 접경 근처에 있다. 4~8세기 거주했던 아메리칸 인디언 유적과 고분이 남아 있다.

25. Laura S. Walker State Park

626 / 5653 Laura Walker Rd. Waycross, GA 31503 (Ware County) / 여성 이름을 딴 최초의 주립공원이다. 조지아 동남부 플로리다 가까운 Okefenokee 습지 북쪽 가장자리 근처에 있다. 공원 이름인 로라 워커는 자연보호를 위해 애쓴 작가이자 교사, 박물학자였다.

26. Little Ocmulgee State Park & Lodge

1,360 / 80 Live Oak Trail, McRae-Helena, GA 31037 / 메이컨과 사바나 중간 I-16 고속도로 아래쪽에 있다. 오크멀기 강을 끼고 있는 조용한 주립공원으로 늪지대 동식물을 볼 수 있다. 민간 위탁으로 운영되어 숙박과 골프, 웨딩 등 레저 및 편의 시설이 잘 구비되어 있다.

27. Magnolia Springs State Park

1,070 / 1053 Magnolia Springs Dr. Millen, GA 30442 (Jenkins County) / 오거스타 남쪽 있는 주립공원으로 매일 700

만 갤런의 물이 솟아나는 샘으로 유명하다. 악어, 거북 등 습지 야생 동식물의 서식지다. 남북전쟁 당시 세계 최대 감옥이었던 캠프 로턴(Camp Lawton)의 흔적이 남아 있다.

28. Mistletoe State Park

1,920 / 3725 Mistletoe Rd. Appling, GA 30802 (Columbia County) / 사우스 캐롤라이나와 경계를 이루는 동남부 최대 호수인 클락스 힐 호숫가에 있다. 오거스타 북쪽이며 미국 최고의 배스 낚시 명소다. 별 탐사 이벤트나 콘서트, 자연 산책과 같은 많은 프로그램이 연중 개최된다.

29. Moccasin Creek State Park

32 / 3655 Hwy 197, Clarkesville, GA 30523 (Habersham County) / 채터후치 국유림 내 버턴 호수(Lake Burton) 연안에 있다. 다양한 수상 스포츠와 송어낚시와 하이킹을 즐길 수 있다.

30. Panola Mountain State Park

1,635 / 2620 Hwy 155 SW. Stockbridge, GA 30281 (Henry & Rockdale Counties) / 애틀랜타 도심에서 15분 남짓 남쪽에 있다. 스톤마운틴과 같은 형식의 화강암이 노출되어 있으며 암반 위의 희귀 생태계를 구경할 수 있다. 인근 아라비아 마운틴과 함께 국립 유산지구(National Heritage Areas)로 지정돼 있으며 국립 자연 랜드마크(National Natural Landmark)이기도 하다. (본문 중 아라비아 마운틴 참고)

31. Providence Canyon State Park *

1,003 / 8930 Canyon Rd. Lumpkin, GA 31815 (Stewart County) / 조지아의 '리틀 그랜드캐년'으로 불린다. 조지아 남서부, 콜럼버스 남쪽에 있다. 다양한 지층의 협곡 전망을 즐길 수 있다. 인근에 플로렌스 마리나 주립공원도 있다.

32. Red Top Mountain State Park

1,776 / 50 Lodge Rd. SE, Acworth, GA 30102 (Bartow County) / 마리에타에서 I-75를 따라 조금 더 올라가면 나온다. 앨라투나 호수(Lake Allatoona)를 끼고 있다. 호안을 따라 이어진 트레일이 훌륭하고 자전거 타기도 좋다.

33. Reed Bingham State Park

1,613 / 542 Reed Bingham Rd. Adel, GA 31620 (Cook County) / 조지아 남쪽 I-75 6마일 거리 있다. 플로리다

주 경계와도 가깝다. 악어, 거북, 뱀, 검독수리 등 중요한 야생 동물 서식지이며 낚시, 카누, 카약, 보트 탐험 등을 즐길 수 있다.

34. Reynold's Mansion on Sapelo Island

6,110 / Sapelo Island Visitor Center 주소 : Route 1, Box 1500, Darien, GA 31305 (McIntosh County), 페리 타는 곳 주소 : 1766 Landing Rd, Sapelo Island, GA 31327 / 사필로 아일랜드는 사바나 남쪽 대서양 연안의 섬으로 조지아에서 4번째로 큰 사구로 된 섬이다. 해안 생태계가 잘 보존돼 있다. 페리를 타고 들어가야 한다. 캠핑장도 있고 1820년대 등대가 있다. 레이널즈 맨션은 200년 된 저택으로 25명까지 숙박할 수 있다. 사전 예약 (Tel. 912-485-2299) 필수.

35. Richard B. Russell State Park

2,508 / 2650 Russell State Park Dr. Elberton, GA 30635 (Elbert County) / 애슨스(Athens) 동쪽 사우스캐롤라이나 접경 사바나 강가에 있다. 낚시, 보트타기, 골프장이 훌륭하고 디스크 골프 시설이 탁월하다.

36. Seminole State Park

604 / 7870 State Park Dr. Donalsonville, GA 39845 (Seminole County) / 조지아 남서쪽 끝 플로리다와 접경을 이루는 세미놀 호숫가에 있다. 탐조, 낚시, 수상 레저를 즐길 수 있고 악어, 물수리, 거북 등 야생동물도 많다. 오리와 사슴 사냥터도 인근에 있다.

37. Skidaway Island State Park

588 / 52 Diamond Causeway, Savannah, GA 31411 / Chatham County) / 조지아 남쪽 사바나 도심 남쪽 가까이 있다. 해안 산책 및 전망이 좋고 캠핑시설도 훌륭하다. 유명한 휴양지 타이비 섬(Tybee Island)도 한 시간 이내에 있다.

38. Smithgall Woods State Park

5,664 / 61 Tsalaki Trail, Helen, GA 30545 (White County) / 조지아 북부 휴양도시 헬렌 인근에 있다. 공원 내 듀크 크릭(Dukes Creek)을 따라 이어지는 트레일과 폭포가 훌륭하다. 최고의 송어 낚시터로도 유명하다.

39. Standing Boy Creek State Park

1,580 / 1701 Old River Rd. Columbus, GA 31904 (Muscogee County) / 조지아주 남서부 도시 콜럼버스 바로 북쪽에 있다. 야생동물 관찰과 사슴, 칠면조, 물새 등의 사냥터로 유명하다.

40. Stephen C. Foster State Park

120 / 17515 Hwy 177, Fargo, GA 31631 (Charlton County) / 조지아 남쪽 플로리다 잭슨빌 가는 길목에 있다. 조지아의 7대 자연 경관 중 하나인 Okefenokee 습지로 가는 관문이다. 악어와 곰, 여우, 올빼미, 개구리, 황새, 따오기 등의 야생동물 서식지가 있다. 밤하늘 별 보기 좋은 공원으로도 국제적 명성을 얻고 있다. 국립 야생 보호구역(National Wildlife Refuge) 내에 있어 오후 10시에 폐쇄된다.

41. Suwannee River Eco-Lodge

바로 위에서 언급한 Stephen C. Foster 주립공원에서 18마일 거리에 있으며 관리 운영도 같이 한다. 아름다운 오키페노키 습지(Okefenokee Swamp)와 스와니 강(Suwannee River) 근처에 있으며 10개의 렌탈 오두막집과 회의실 등의 시설을 갖췄다. 이벤트 모임이나 비즈니스 회의 장소로 특별한 경험을 누릴 수 있다. 에코 라지 전화 912-637-5274, 예약 전화 800-864-7275.

42. Sweetwater Creek State Park *

2,549 / 1750 Mount Vernon Rd. Lithia Springs, GA 30122 (Douglas County) / 애틀랜타에서 가장 가까운 주립공원이다. 급류가 흐르는 개울 따라 남북전쟁 당시 불탄 방직공장 잔해가 있다. 방문자센터 전시도 훌륭하다.

43. Tallulah Gorge State Park / Rabun, Habersham *

2,739 / 조지아의 북동쪽 끝에 있는, 미 동부에서 가장 아름다운 협곡이다. 길이는 2마일, 깊이는 1000피트에 이르며, 폭포, 급류, 트레일 등이 유명하다. 협곡 사이를 잇는 출렁다리도 명물이다.

44. Tugaloo State Park

393 / 1763 Tugaloo State Park Rd. Lavonia, GA 30553 (Franklin County) / I-85 고속도로 북쪽, 사우스캐롤라이나 접경을 이루고 있는 하트웰 호수(Lake Hartwell) 주립공원이다. 다양한 수상 레저를 즐길 수 있다. 투갈루(Tugaloo)라는 이름은 하트 웰 댐이 건설되기 전 이곳에 흐르던 강의 원주민 이름이다.

45. Unicoi State Park & Lodge *

1,050 / 1788 GA-356, Helen, GA 30545(White County) / 헬렌 북동쪽 2마일 거리의 산악 휴양지다. 채터후치 국유림 내 유니코이 호수를 중심으로 하이킹 트레일이 있고 유명한 애나 루비 폭포(Anna Ruby Falls)도 인접해 있다. 민간 위탁 공원으로 캠핑, 뱃놀이, 집라인, 양궁, 낚시 등 다양한 레저 활동을 즐길 수 있다.

46. Victoria Bryant State Park

502 / 1105 Bryant Park Rd. Royston, GA 30662 (Franklin County) / I-85 고속도로 남쪽, 사우스캐롤라이나 넘어가기 전에 있는 주립공원이다. 골프장을 끼고 있으며 공원 안을 흐르는 라이스 크리크(Rice Creek) 따라 피크닉, 하이킹, 낚시 등을 즐길 수 있다.

47. Vogel State Park

233 / 405 Vogel State Park Rd. Blairsville, GA 30512 (Union County) / 1931년에 주립공원으로 지정된, 조지아에서 두 번째로 오래된 주립공원이다. 애팔래치안 트레일에서 가장 높은 산인 블러드 마운틴(Blood Mountain) 기슭에 있다. 조지아 최고봉 브래스타운볼드(Brasstown Bald)도 가깝다.

48. Watson Mill Bridge State Park

1,118 / 650 Watson Mill Rd. Comer, GA 30629 (Madison County) / 애슨스(Athens) 동쪽, 사우스 포크 강(South Fork River) 유역에 있다. 조지아주에서 가장 긴 지붕 다리 (229피트, 1895년 완공)가 명물이다. 한때 조지아에는 200개 이상의 지붕 있는 다리가 있었지만, 지금은 20개가 채 안 된다.

바르게 걷기 ABC

1. 걷기 운동 제대로 하려면

걷기는 언제 어디서든 마음만 먹으면 할 수 있다. 부상 위험도 거의 없어 어떤 운동보다 안전하고, 특별한 비용이 들지도 않는다. 유산소 운동인 만큼 제대로만 하면 비만도 예방할 수 있다. 올바른 걷기 방법을 알아본다.

▶ 바른자세가 중요하다

모든 운동이 그렇듯 걷기도 자세가 중요하다. 걸을 때는 상체를 곧게 펴고 턱은 당겨 목을 바로 세워야 한다. 가슴은 펴고, 배는 등 쪽으로 집어넣어야 바른 자세가 된다. 그 다음 머리를 든 상태로 10m 정도 앞을 바라보며 걸으면 된다.

걸을 때는 무릎이 펴진 상태로 발뒤꿈치부터 땅에 닿고 발바닥이 닿은 다음 엄지발가락으로 지면을 차고 앞으로 나가야 한다. 또 복근에 약간 힘을 주고 허리를 바로 세운 상태를 유지해야 한다. 걷다보면 자꾸 허리가 앞쪽으로 숙여지기도 하는데 이를 방지하기 위해선 약간 과하다 싶은 정도로 가슴과 허리를 펴야 한다. 눈은 10~15m 전방을 주시하고 팔은 옆구리를 스치는 정도로 앞뒤로 자연스럽게 흔들어주면 된다.

걸음걸이의 폭은 자기 키의 40% 정도가 적절하다. 8자 걸음은 발목과 척추에 무리를 주기 때문에 조심해야 한다. 대개는 약간 벌어진 11자 형 걸음을 걸어야 관절에 무리가 가지 않는다.

자세가 바르지 않으면 근육에 불균형이 생긴다. 이 상태를 오랫동안 방치하면 발목 염좌(관절을 지지하는 인대 혹은 근육이 외부 충격 등에 의해 늘어나거나 찢어지는 것)나 발목 인대 손상, 발목관절염, 허리질환 등의 부상을 부를 수도 있다.

▶ 건강에 따라 목표를 달리하라

걷기는 고강도 운동이 아니다. 그렇다고 만만하게 생각해서도 안 되며 자신의 몸 상태 따라 걷는 양을 조절해야 한다. 하루 1만보 걷기가 한때 유행이었지만 꼭 만보를 고집할 필요는 없다. 건강한 사람은 한 번에 8000~1만 5000보 정도가 적당하다.

질환이 있는 사람은 하루 4000보든 7000보든 자신의 몸에 무리가 가지 않는 범위 목표를 정하고 걷는 것이 좋다.

▶ 운동시간과 속도에 유념하라

걷기 운동은 속도보다 지속시간이 더 중요하다. 특별히 장거리 등산이나 하이킹 참여가 아니라면 보통은 하루에 약 50분 이상, 2마일(3.6km) 내외의 거리를 일주일에 3~4회 정도 걷는 것이 좋다. 걷기가 좋다고 무작정 오래 걷는 것은 금물이다. 특히 고령자는 온도에 대한 체온 조

절 반응인 자율신경 조절 능력이 저하되어 있기 때문에 너무 뜨거운 여름 낮이나, 너무 온도가 낮은 겨울 이른 아침 시간은 피해야 한다.

2. 걷기의 운동 효과

▶ 칼로리 소비 원한다면 속보를

걷기가 좋은 운동임은 분명하지만 체중 조절이나 근육 단련 같은 것과는 거리가 있다. 칼로리 소모를 통한 비만 방지를 원한다면 걷기보다 달리기가 낫다. 비교적 느린 속도로 달리더라도 지방 연소 효과가 뛰어나기 때문이다.

걷기로 운동 효과를 보려면 빠르게 걷는 속보가 좋다. 속보란 옆에 있는 사람과 대화는 가능하지만 약간 숨이 차서 노래는 부를 수 없을 정도의 속도를 말한다. 달리기가 부담스러운 사람, 심장이 약하거나 근육과 뼈가 부실한 사람도 빠르게 걷기는 큰 무리가 없다.

미국 로렌스 버클리 국립연구소 연구에 따르면 빠르게 꾸준한 걷기는 고혈압·당뇨·고콜레스테롤·심혈관질환 예방에 도움이 된다. 또 뇌에 산소가 원활하게 공급되면서 혈류가 개선돼 뇌기능이 활발해지는 효과도 있다.

미국심장학회도 유방암·대장암·심장질환·당뇨병·골다공증·고혈압을 낮추는 방법으로 걷기를 권장하고 있다. 하루에 1만 보를 꾸준히 걸으면 자신의 나이보다 여자는 4.6년, 남자는 4.1년 더 젊은 효과를 보인다는 연구도 있다.

▶ 걷기는 정신건강에도 좋다

걷기는 삶의 질 향상에 최고의 운동법이다. 산행 등 햇볕을 받으며 야외에서 걸으면 기분이 좋아지고 우울감이 줄어든다. 이는 행복감을 느끼게 하는 호르몬인 '세로토닌'과 통증을 완화하는 '엔도르핀'이 분비되기 때문이다. 저녁 식사 후 가볍게 걸으면 수면을 돕는 호르몬 '멜라토닌' 분비가 촉진되어 숙면에도 좋다. 단, 저녁 시간 격렬한 걷기 운동은 오히려 수면을 방해할 수 있으므로 주의해야 한다.

걷기는 또 자신의 생각을 정리하는 귀중한 시간이 될 수 있다. 산책이 노화와 치매 예방에 좋다는 연구결과도 꾸준히 나오고 있다. 걷다보면 비즈니스 구상이나 복잡한 인간 관계 대처 방법 등에서 의외의 아이디어가 떠오를 수도 있다.

3. 걷기 전 챙겨야 할 준비물

"걷는데 무슨 준비가 필요해?"라고 할지 모른다. 하지만 가볍게 동네 한 바퀴 산책이 아니라면 걷기에도 당연히 준비가 필요하다. 일단 배낭은 최대한 가볍게 유지해야 한다. 조금 하이킹에 나서면서 혹시 필요할지 모른다고 이것저것 넣었다간 걷는 내내 고생한다.

전문가들은 걷는 거리에 따라 준비물은 달라야 한다고 조언한다. 3~4시간 이상 걸어야 하는 등산이나 하이킹을 기준으로 어떤 준비물이 필요한지 정리해 본다.

▶ 신발

등산갈 때와 일반 하이킹일 때 신는 신발이 다르다. 어떤 곳을 걷느냐에 따라 그때그때 적합한 신발을 선택해야 한다. 바닥이 고른 곳을 걷는 하이킹을 할 경우 발가락이 적당히 구부러지는 연한 밑창과 통기성이 좋은 외피, 발목이 자유로운 목이 짧은 트레킹화가 적합하다. 등산화는 발목이 자유롭지 못하고 무거워 불편할 수 있다. 일반 운동화는 접지력이 떨어져 미끄러지기 쉽고 노면이 고르지 못한 곳에선 자칫 발목을 다칠 우려가 있다.

숲과 계곡이 있는 산행 길에는 가능한 한 등산화를 신어야 한다. 노면이 고르지 않고 돌이 많은 만큼 발목을 보호하고 바닥 충격을 흡수하는 기능이 있어야 하기 때문이다.

▶ 모자와 선글라스

모자는 햇빛을 가리기 위해 반드시 써야 한다. 모발 숱이 적은 사람은 강한 햇볕에 더 강한 자극을 받기 때문에 모자를 쓰는 것이 탈모 예방에 도움이 된다.

자외선 차단을 위해선 모자 외에 선글라스도 챙겨야 한다. 햇빛에 과도하게 노출되면 백내장, 황반변성 등 눈 질환의 위험이 높아진다. 백내장은 눈 속의 수정체가 혼탁해져 시력장애가 발생하는 질환이다. 눈의 안쪽 망막 중심부에 위치한 신경조직인 황반에 병이 생기는 황반변성은 심하면 실명까지 유발할 수 있다. 선글라스가 번거롭다면 긴 챙 모자를 써서 자외선으로부터 눈을 보호하는 것이 좋다.

▶ 기타 준비물

충분한 양의 물은 기본이다. 그밖에 사탕이나 초콜릿, 에너지바 같은 간단히 먹을 것도 준비한다. 선크림, 긴 소매 옷, 우의, 쓰레기 담을 작은 비닐봉투도 챙기면 유용하다. 윗옷은 땀이 잘 흡수되는 것으로 가볍게 입는 것이 좋다. 바지는 여름이라도 긴바지를 권한다. 울창한 숲을 헤쳐 걷다 보면 벌레에 쏘이거나 가시 등에 상처를 입기 쉽기 때문이다.

장거리 산행일 경우 떡이나 빵, 육포 등 한두 끼 비상식량을 챙겨가는 것도 요령이다. 갑자기 기운이 빠지거나 길을 잃었을 때 도움이 된다. 호루라기도 하나 정도 마련하면 좋다. 혹시라도 곰이나 마운틴 라이언 등 야생 동물을 만났을 때 효과적이고 일행과 떨어졌을 때 신호용으로도 유용하다.

이제 스마트폰으로 한인업소록을 본다!

2023 중앙일보
스마트폰 Ⓙ 업소록

내 손안에 Ⓙ 업소록

중앙일보 스마트폰 업소록 리스팅 수록 신청서

●업종: _____

○신규: _____ 변경: _____

○구업소명: (업소명이 변경된 경우 반드시 기입해 주세요)

●업소명: (한글) _____

(영문) _____

●전화: _____

●주소: Street _____ Suite No. _____

City _____ State _____

Zip _____

●Website Add: _____

▶영문자는 대문자로 정확하게 기입해 주세요.
▶2개 이상의 업종에 게재를 원하시는 경우 별도의 수록 신청서를 사용하십시오.

The JoongAng | 애틀랜타 중앙일보

중앙일보 스마트폰 업소록 신청서를 정확히 적으셔서 FAX(678-615-7189) 또는 e-mail: kdatlanta@gmail.com으로 보내주세요.

스마트폰 업소록 광고문의 770-242-0099

GO, GEORGIA!

2022 애틀랜타 하이킹 가이드

애틀랜타 100배 즐기기

■ 다운타운 가볼 만한 곳
■ 근교 가볼 만한 곳

The JoongAng
중앙일보

1 센테니얼 파크

센테니얼 올림픽 파크(올림픽 100주년 기념관)는 애틀랜타올림픽협회장을 역임한 빌리 패인이 그의 사무실에서 밖을 내다보다가 도시를 가로지르는 큰 공원을 생각해 낸 것에서부터 시작된다. 애틀랜타시는 그의 의견을 적극 지지, 각각의 공원 센터 별로 기부금을 받아 조성한 750만 달러로 공원 건립을 시작했다. 올림픽 기간 동안 이 공원은 매일 새로운 모습으로 변신했다. 사람들이 모여드는 공간들을 나눠서 이를 활용하는 식의 공원 운영방법은 지금도 이어지고 있다.

독립기념일과 같은 미국의 기념일이면 불꽃놀이와 각종 공연 등이 다채롭게 펼쳐진다. 또 여름이면 분수대에서 뛰어 노는 아이들로 붐비고, 겨울이면 간이 스케이트장에 인파가 몰려들기도 한다. 21에이커에 달하는 공간은 애틀랜타의 허파 역할을 훌륭히 해내는 동시에 시민들이 애용하는 랜드마크로 기능하고 있다.

▶ 개장시간: 오전 7시~저녁 11시

▶ 주소: 265 Park Ave. W NW, Atlanta, GA 30313

FUN FACT 센테니얼 파크, 알고 계세요?

▶ 21에이커에 달하는 공원을 꾸미기 위해 투입된 벽들은 무려 80만 개에 달한다. 이 벽돌을 한줄로 세우면 뉴욕에서 필라델피아까지 얕으나마 벽을 쌓을 수 있다.

▶ 조각이 새겨진 벽돌만 68만6000개가 들었다.

▶ 공원을 밝혀주기 위한 전기 줄의 길이만 30마일이다.

▶ 매립된 수도관의 길이는 11마일이다.

▶ 애틀랜타 브레이브스의 홈구장 터너필드를 세 번 이상 덮을 수 있는 녹지가 있다.

▶ 지난 25년 간 지어진 미국 전체 도심공원 중에서 가장 큰 곳이다.

▶ 오륜기 모양으로 지어진 분수는 일분에 5000갤런의 물을 필요로 한다.

② 코카콜라

코카콜라는 애틀랜타에 본사를 둔 세계적인 음료회사다. 특히 CNN과 센테니얼 파크 인근에 위치한 '코카콜라 박물관(정식명칭은 코카콜라 월드)'은 화려한 외관과 볼 것들이 다양하다. 2007년 5월 개장한 이 박물관은 20에이커의 부지에 9만2000sqft 규모로 들어서있다. 이곳에서는 코카콜라의 제조 지법과 전세계 60개국에서 맛볼 수 있는 다양한 코카콜라의 맛을 느껴볼 수 있다. 아울러 4D 영화도 볼거리다.

▶ 개장시간: 매일 오전 10시에 문을 열고, 마지막 티켓 판매시간은 오후 5시다.

▶ 입장료: 2021년 기준 성인(13세~64세) $18, 시니어(65세 이상) $16, 유스(3세~12세) $14, 유아(0세~2세) 무료. 웹사이트를 방문하면 단체 할인, 생일 할인 등의 패키지 티켓을 구매할 수 있다. 또 애틀랜타 시티패스를 이용하면 할인가를 적용 받을 수 있다.

▶ 웹사이트 : www.worldofcoca-cola.com

▶ 주소 : 121 Baker St NW, Atlanta, GA 30313

💡 **FUN FACT** 코카콜라 제조비법의 진실

애틀랜타 소재 선트러스트 은행의 금고 안에는 산업계에서 가장 신성시되는 비밀 중 하나가 들어있다. 120년 된 코카콜라의 제조 공식이다. 코카콜라의 제조 비법은 계속 공개되어 왔으나 코카콜라에 들어가는 성분 중 1%가 안 되는 원료가 바로 핵심기술인데 이 기술이 여전히 밝혀지지 않았다. 이 원료는 '7X'라고 부른다. 다만 이 원료가 실재하는 영업비밀인지, 아니면 신비스럽게 포장된 마케팅 전술인지 의문을 제기하는 이들이 많다.

3 스테이트팜 아레나 (State Farm Arena)

CNN건물과 붙어있는 스테이트팜 아레나는 1999년 완공한 실내 종합경기장이다. 전에는 필립스 아레나라 불렸다.

미 프로농구 NBA(National Basketball Association:미국프로농구협회) 이스턴 콘퍼런스 중부지구에 소속된 프로농구팀 애틀랜타 호크스와 여자프로농구팀 애틀랜타 드림의 홈구장으로 사용되고 있다. 2009년부터 2011년까지는 프로 아이스하키팀 애틀랜타 스래셔스의 홈으로 사용되기도 했다. 총 수용인원은 2만 1000명이다.

농구 경기 이외에도 각종 공연 및 행사가 열린다. 특히 각종 초대형 공연이 열리는 곳으로 유명하다. 마돈나, 비욘세, 스팅 등 애틀랜타에 다녀간 많은 빅스타들이 필립스 아레나 무대에 올랐다.

애틀랜타 풀턴카운티 리크리에이션 공사(Atlanta-Fulton County Recreational Authority) 소유이며 총 건설비용으로 2억 1350만 달러가 들었다. 철근 콘크리트 건물로, 지붕은 3부분으로 만들어졌다.

▶ 웹사이트 : www.statefarmarena.com

▶ 주소: 1 State Farm Dr. Atlanta, GA 30303

4 조지아 아쿠아리움

조지아 아쿠아리움은 세계 최대 규모를 자랑하는 수족관이다. 2012년까지는 전세계에서 가장 큰 규모였으나 싱가폴에 있는 마린 라이프 파크 개장 이후 2위로 내려 앉았다. 크기는 550만 스퀘어피트다. 이는 주택 1채의 평균 면적을 2500스퀘어피트로 잡았을 때 주택 220채가 들어서는 거대 단지와 맞먹는 규모다.

아쿠아리움에는 220만 종의 바다 생물들을 볼 수 있다. 주제별로 돌고래 쇼, 4D영화, 물개쇼 등을 관람할 수 있다. 벽면 전체가 유리로 된 수족관에서 고래와 상어 등 다양한 바다 생물들을 볼 수 있는 장관을 경험할 수 있다. CNN, 필립스 아레나, 코카콜라 박물관 등에서 도보로 10분 이내 방문 가능하다.

▶ 입장시간: 월~금요일 오전 10시부터 저녁 9시, 토~일요일 오전 9시부터 저녁 9시.

▶ 입장료: 성인(13~64세) $36.95+택스. 인터넷 구매 시 할인가가 적용되며 주중과 주말 가격이 다소 차이가 있다. 매일 오후 4시 이후에는 30% 할인된 가격으로 입장이 가능하다.

▶ 웹사이트 : www.georgiaaquarium.org

▶ 주소: 225 Baker Street, Atlanta, GA30313

5 애틀랜타 민권센터 (National Center for Civil and Human Rights)

리도 만나볼 수 있다. 센터를 돌아보려면 약 75분이 걸린다. 민권센터에는 위안부의 실상을 알리는 '평화의 소녀상'이 들어설 예정이었으나, 일본 측의 방해공작으로 건립 계획이 무산돼 지역 한인사회의 비판의 목소리를 듣기도 했다.

▶ 개장시간: 화~금요일, 일요일 낮 12시부터 오후 5시, 토요일 오전 10시부터 오후 5시 (4시까지 입장)

▶ 입장료: 1인당 $16.00

▶ 주소: 100 Ivan Allen Jr. Blvd, Atlanta, Ga 30313

남부 인권운동의 성지 애틀랜타 다운타운에 위치한 민권센터는 인권과 민권운동의 역사적 사실과 인물들에 대한 정보들이 담겨있는 박물관이다. 지난 2014년 6월에 문을 열었으며 조지아 아쿠아리움, 코카콜라 박물관 인근에 위치해있다.

이곳에는 미국 민권인권 운동의 역사적 사실뿐 아니라, 과거의 사실이 현재와 어떻게 연관되어 있는지를 보여주는 조형물들이 전시되어 있다. 우선 민권 운동의 아버지 마틴 루터 킹 목사가 생전에 쓴 편지와 종이 등이 전시되어 있다. 또 그의 어린 시절부터 암살당하기까지의 스토

6 조지아 주 청사

미국 주 청사는 어디나 모양이 비슷하다. 조지아주 청사 (State Capital)도 남부 다른 주의 주 청사나 텍사스 오스턴의 주 청사와 흡사하다.

천장은 둥근 돔이고 돌로 견고하게 지어진 이 건물은 황금색 돔지붕으로 유명하다. 조지아 주 청사 내에 있는 주지사 집무실은 열려 있어 주지사가 일하는 모습을 볼 수 있도록 되어 있다. 강한 남부의 햇빛을 받아 하루 종일 황금색 광채를 내는 주 청사는 조지아주 역사박물관도 겸하고 있다. 특히 남북전쟁 당시 교통의 요지라는 이유로 시달림을 받아야 했던 조지아의 시련과 비행기 개발 후 경제부흥의 요지로 서게 되는 주도 애틀랜타의 번영의 역사를 상세하게 들을 수 있다.

이 황금색 주청사 앞에는 지미 카터 전 대통령의 동상이 서있다. 지미 카터는 조지아 주지사 출신이다. 그는 상류층 출신이 아닌 일반 평민출신 대통령이기도 하다. 대통령 임기보다 임기를 마친 이후의 행보가 미국인들에게 더욱 주목을 받고 존경을 받고 있다. 메트로 애틀랜타에는 그의 이름을 딴 도로도 있다.

▶ 주소 : 206 Washington St SW, Atlanta, GA 30334

FUN FACT

조지아 주지사(Governor)

2022년 현재 조지아 주지사는 83대 브라이언 켐프 (Brian Porter Kemp)다. 1963년생. 공화당. 조지아 대학을 졸업했다. 조지아주 상원의원을 거쳐 2010년부터 8년간 조지아주 국무장관을 역임했다. 2019년 선거에서 주지사로 당선됐다.

주의 깃발

2001년 조지아는 1956년부터 사용했던 깃발을 교체했다. 이는 남부동맹의 이미지를 강하게 연상시킨다는 반대여론을 반영한 결과다. 기존의 기는 붉은 바탕에 흰색 별들과 파란색 "X" 등 남북전쟁 당시 백인우월주의자들이 사용하던 남부연합군기의 상징을 사용해 만들어져 흑인들로부터 비판을 받아왔다. 남부연합군기 미국 남북전쟁(1861~1865) 당시 사우스캐롤라이나 등 남부 13개 주가 노예제도를 지지하며 연방에서 탈퇴해 꾸린 남부연합 정부의 공식 국기다. 미국에선 백인우월주의와 인종차별의 상징물로 인식된다. 사우스캐롤라이나주 의회는 2015년 6월 찰스턴의 흑인 교회에서 백인 딜런 루프(22)가 총기를 난사해 9명을 살해한 이후 50여년만에 처음으로 의사당 건물에서 남부연합기의 게양을 폐지하기도 했다.

 ## 7 태버내클 (Tabernacle)

더 태비(The Tabby)라고도 불리는 태버내클은 애틀란타에 위치한 중형 콘서트 홀이다. 록밴드 블랙 크로우스, 팝스타 아델 등 유명 가수들과 밴드들의 공연이 펼쳐진다. 뿐만 아니라 스테판 린치, 밥 새것 등 유명 코메디 스타들의 투어 장소로도 활용된다. 태버내클은 1898년부터 1994년까지 태버내클 침례교회의 본당 건물로 활용됐다. 1996년부터 1997년까지 '하우스 오브 블루스'라는 이름으로 다양한 공연이 펼쳐지기도 했다. 이후 1998년 200만달러가 투자돼 리모델링이 이뤄지면서 다시 태버내클 이름을 되찾았다. 총 2600여명을 수용할 수 있다.

▶ 웹사이트: www.tabernacleatl.com

▶ 주소 : 152 LUCKIE STREET ATLANTA, GEORGIA

 ## 8 스카이뷰 애틀랜타
(SKY VIEW ATLANTA)

애틀랜타의 전경을 한눈에 바라보고 싶다면 스카이뷰 애틀랜타를 방문해보는 것도 좋겠다. 20층 높이의 페리스 휠은 파티에 초대한 손님들이나 타 지역에서 온 주요 고객들과 함께 방문하기 딱 좋은 애틀랜타의 명소. 애틀랜타 다운타운의 센테니얼 공원 인근에 위치해 있어 CNN, 조지아 아쿠아리움, 코카콜라 박물관 등을 한눈에 내려다볼 수 있다.

▶ 위치: 168 luckie St. NW ATLANTA, GA

▶ 개장시간: 월~목요일 낮 12시부터 오후 10시, 금요일 낮12시부터 밤 12시, 토요일 오전 10시부터 밤 12시, 일요일 오전 10시부터 밤 10시

▶ 탑승료(2021년 기준): 성인(12세 이상) $14.75+택스, 시니어(65세 이상), 학생, 군인 $12.75+택스, 어린이(3세~11세) $9.75+택스

▶ 주차: 인근의 LAZ 주차장(100 Luckie St and 101 Cone St (the corner of Luckie and Cone streets). 주차시 5달러 할인 쿠폰을 제공한다.

⑨ 웨스틴 호텔 전망대

애틀랜타 다운타운을 둘러보다 보면 둥글고 높은 건물이 눈에 확 들어온다. 이곳은 웨스틴 피치트리 플라자(The Westin Peachtree Plaza)로 애틀랜타의 명소로 꼽힌다. 이유는 호텔 꼭대기에 위치한 전망대와 식당 때문이다. 맨 꼭대기에 위치한 선다이얼 바와 그 아랫층인 73층에 위치한 선다이얼 식당은 한쪽 벽면이 유리로 되어 있으며 360도로 회전한다. 이 때문에 음료나 음식을 즐기면서 애틀랜타를 비롯한 메트로 지역의 풍경을 한눈에 볼 수 있다. 데이트하기 좋은 장소로 젊은 남녀부터 애틀랜타를 방문하는 방문객들이면 꼭 들르는 명소다. 바는 평일 오후 4시, 주말엔 오후 2시부터 문을 열고 대개 밤 12시에 닫는다. 식당은 매일 낮 11시 30분부터 2시 30분, 오후 5시부터 10시까지만 운영한다. 사전에 예약을 하는 것이 좋다.

▶ 웹사이트: www.sundialrestaurant.com

▶ 주소: 210 Peachtree Street NE Atlanta, GA 30303

10 애틀랜타 칠드런스 뮤지엄
(Children's Museum of Atlanta)

자녀들을 둔 방문객들은 한번 들러볼 만한 장소다. 단순히 관람하는 박물관이 아니라, 어린이들이 직접 체험할 수 있는 놀거리들이 다양하다. 총 1만 6316스퀘어피트 규모의 건물에는 여러 섹션 별로 나뉘어져 있다. 농장에서 작물을 기르고 마트로 옮겨지고 판매가 이뤄지면 식당에서 먹을 수 있는 음식으로 판매가 이뤄지는 과정을 놀이처럼 꾸며 좋은 펀더멘털리 푸드와 크레인을 이용해 플라스틱 공을 운반하거나, 공기압을 넣어 스티로폼 로켓을 하늘로 쏘아 올리는 등 과학적 사고를 기를 수 있는 다양한 체험을 할 수 있다. 아울러 스토리 텔링과 같은 공연도 마련된다.

▶ 운영시간: 오전 10시부터 오후 4시. 주말엔 오후 5시. 수요일은 휴관.

▶ 입장료: 12~20불 사이로 요일별로 조금씩 다르다.

▶ 웹사이트: childrensmuseumatlanta.org

▶ 주소: 275 Centennial Olympic Park Drive, Atlanta

11 애틀랜타 식물원
(Atlanta Botanical Garden)

애틀랜타 시내 북동쪽 주택가를 거닐다 보면 진한 향기를 맡게 된다. 바로 애틀랜타 보내티컬 가든에서 풍겨나오는 향기다. 보태니컬 가든은 도심 속의 아기자기한 녹색공간으로 애틀랜타 주민들의 휴식처가 되고 있는 피드몬트 공원의 한쪽에 자리잡고 있다. 규모는 약 30에이커. 가든 안에는 장미정원과 허브정원 등 특색있는 정원과 산책로가 조성돼 있다. 특히 40피트 높이의 시원한 구름다리 캐노피워크(Canopy Walk)를 걷다보면 식물원의 우거진 수풀지대의 환상적인 절경을 한눈에 들어와 일상의 피로가 싹 가실 것이다.

▶ 개장 시간: 화~일 오전 9시부터 오후 9시까지.

▶ 입장료(2021년 9월 기준): 주중(화~금) 성인 22.95달러, 12세 이하 어린이 19.95달러, 3세 이하는 무료. / 주말(토, 일)은 2달러 추가.

▶ 웹사이트: www.atlantabotanicalgarden.org

▶ 주소: 1345 Piedmont Ave. NE Atlanta, GA 30309

12 지미 카터 도서관 & 뮤지엄
(Jimmy Carter Presidential Library & Museum)

미국의 제39대 지미 카터 대통령의 업적과 퇴임 이후의
여러 활동을 소개하고 있는 곳. 조지아주 출신 대통령으
로 재임 때보다 퇴임 이후 활동으로 더 인기가 높은 지
미 카터 대통령에 관한 자세한 기록과 일화들이 소개되
어 있다.

▶ 개장 시간: 월~토요일 오전 9시부터 오후 4시45분까지.
　일요일은 낮 12시부터(2021년 10월 현재 코비드 19로 잠
　정적으로 문을 닫고 있어 개장 여부를 확인하고 가는 것이
　좋다).

▶ 주소: The Carter Center One Copenhill
　　　　453 Freedom Parkway Atlanta, Ga. 30307

▶ 가는 방법: 고속도로 85번 south 에서 출구 (Exit) 248C
　"Freedom Parkway, The Carter Center." 로 빠져나와
　1.8마일 정도 계속가면 'Carter Center'라는 표시가 보인
　다 입구에 들어가면 Entrance #3 사인을 따라 가면된다.

▶ 웹사이트: www.cartercenter.org

13 식스 플래그 화이트 워터
(Six Flags White Water)

캅 카운티에 위치한 대형 물놀이 시설이다. 69에이커의 공원 내에 수영장과 파도풀장 그리고 각종 스릴넘치는 슬라이드가 다양하게 구비되어 있다. 어린이들을 위한 시설도 갖춰져 있어 가족단위 방문객들에게도 좋다. 연간 50만명의 인파가 몰린다.

▶ 주소: 250 Cobb Pkwy N #100, Marietta, GA 30062

▶ 문의: https://www.sixflags.com/whitewater

14 레이크 레이니어 (Lake Lanier)

노스 조지아 마운틴 인근에서 해안을 찾지 못한다면 차선책은 레이크 시드니 레이니어다. 블루리지 마운틴 속에 자리잡은 레이니어 호수의 그림 같은 호안선이야말로 조지아 주에서 손꼽히는 절경이다.

애틀랜타 북쪽으로 30여 분, 3만 8천 에이커의 레이크 레이니어는 분주한 도심을 탈출, 자연의 즐거움을 만끽하기 더할 나위 없는 곳이다. 보트, 하이킹, 골프까지 다양한 활동을 즐길 수 있다.

레이크 레이니어의 리조트는 호화롭기로 소문나 있다. 총 216개의 객실을 갖춘 에메럴드 포인트 리조트에는 스파 시설과 30채의 뉴잉글랜드 스타일의 레이크 하우스, 빌라, 하우스 보트가 딸려 있다. 18홀을 갖춘 골프 코스에서는 PGA가 공인한 프로들에게 언제든지 골프레슨을 받을 수 있다.

한 여름 가족들이 함께 더위를 식히며 즐길 수 있는 모래 사장이 딸린 비치, 어린이들을 위한 워터 파크 시설은 특히 가족들의 유원지로 안성맞춤. 만약 좀 더 모험을 원한다면 레이크 레이니어 올림픽 센터를 방문하시길. 1996년 애틀랜타 올림픽 당시 카누, 조정, 카약 경기가 모두 이곳에서 개최됐었다. 올림픽 센터는 보트 애호가들을 위한 다양한 프로그램들을 개인별 수준에 맞춰 제공한다. 카누나 카약을 빌려 올림픽 금메달을 향한 선수처럼 페달을 밟아 보는 것도 레이크 레이니어에서만 즐길 수 있는 일이다. 모든 종류의 보트가 구비되어 있어 보트를 대여할 수도 있고 VIP를 위한 유람선도 빌릴 수 있다.

크리스마스 장식도 환상적이다. 차 안에서 6~7마일에 달하는 도로 양 옆에 수백 만개의 전등으로 만들어진 크리스마스 장식을 보는 것도 겨울철 레이크 레이니어에서만 경험할 수 있는 장관이다.

레이크 레이니어 호수를 만든 뷰포드댐 주변 공원도 들러볼 만하다. I-85도로를 타고 북상하다 I-985로 나와 1번이나 2번 출구를 따라 가면 된다.

▶ 문의: https://lakelanier.com/lake-lanier-visitors-guide

15 헬렌 조지아 (Helen Georgia)

18세기까지 헬렌 조지아 지역은 체로키 인디언 문화 중심지였다. 나쿠치(Nacoochee)계곡과 지금의 헬렌 계곡으로 알려진 지역에 체로키 인디언들의 부락이 산재해 있었다. 하지만 1813년에 체로키 인디언들은 이 지역을 관통하는 마차길(Unicoi Turnpike) 즉 도로 건설을 허락한 이후 백인들이 물밀듯이 들어오게 되었다. 현재의 17번과 75번 도로인 이 길은 마지막 나쿠치 인디언들이 눈물을 머금고 이 길을 따라 떠나게 되었다. 사람들은 이 길을 눈물의 길(Trail of Tears) 이라고 부르고 있다.

인디언들이 떠난 이 지역은 1828년 나쿠치 계곡의 듀크강(Dukes Creek)에서 금이 발견된 이후 조지아의 골드러시가 시작됐고 수십 년 동안 수천 명의 금광업자들이 몰려들어 엄청난 양의 금을 캐 갔다. 그리고 19세기 말까지 금광의 물결이 한바탕 휩쓸고 간 후 울창한 산림에 눈독을 들여오던 벌목업자들이 금광업자들이 떠난 자리를 차지했다.

당시 Matthews Lumber Company라는 토목회사를 중심으로 시작된 벌목 바람은 산속에서 벌목한 목재 운반을 위해 노스 캐롤라이나까지 임시철도가 연결 해야 할 정도로 번창했었다.

지금의 헬렌(Helen)이라는 지명은 1913년 이 지역 당시 철도 감시관의 딸의 이름을 따서 불려지기 시작했다. 그렇게 번성하던 헬렌 조지아 지역은 1931년 목재 수요의 급감으로 벌목회사들이 하나 둘 철수하고 호황을 누리던 철도도 폐쇄되고 헬렌은 사람들의 기억 속에서 사라져 가게 되었다. 그 후 1950년대를 지나면서 헬렌 조지아 인근에 유니코이(Unicoi) 주립공원이 지정되고 주류 판매를 허용하면서 헬렌의 경제가 살아나게 됐다.

1960년대까지 남부 조지아 산골의 한가한 시골마을에 불과했으나 1969년 Pete Hodkinson과 John Kollock 등 지역 상인들이 헬렌을 유럽식 마을로 새 단장을 하자는 제의를 내놓고 그 제안이 받아들여져 헬렌 조지아는 대대적인 개조작업을 시작하게 된다.

남부의 중심 지역인 조지아주는 북부 지역의 아름다운 자연환경에도 불구하고 애팔래치안 산맥을 찾는 산악인과 관광객들의 발길을 잡을 만한 관광자원이 부족했었다. 헬렌 조지아는 지역개발에 팔을 걷어 부친 일부 뜻있는 주민들의 노력으로 현재 조지아주 뿐만 아니라 남부의 명소로 거듭나게 되었다. 현재의 헬렌 조지아는 유럽의 이국적인 문화를 만나려는 미국인들의 발길로 분주하다.

▶ 주소: 726 Bruckenstrasse Helen, GA 30545

▶ 문의: http://www.helenga.org

헬렌 조지아 즐기기

헬렌 조지아에 들어서면 가장 먼저 눈에 띄는 것이 유럽식 빨간 세모 지붕으로 이뤄진 모텔들이다. 조금 더 북쪽으로 올라가다 보면 네덜란드 사람들이 만들었다는 풍차도 돌아가고 여기저기 산재해있는 유럽풍 식당과 선물코너 등이 도시생활에 지친 방문자들의 시선을 끈다. 헬렌 전체를 돌아 볼 수 있는 관광마차도 운행되고 있다. 헬렌 조지아 지역에는 수많은 식당이 있는데, 계곡을 끼고 흐르는 강 주변의 식당들이 인기가 좋다.

여름이 비교적 긴 남부 기후 때문에 여름시즌은 헬렌 조지아 계곡은 레프팅을 즐기는 사람들의 오색 튜브로 물결을 이룬다. 강가의 레스토랑에서는 레프팅을 즐기는 사람들을 바라보며 독일식 스테이크나 생선요리를 맛볼 수 있다. 또 유럽식 소시지를 맛볼 수도 있고 2층 발코니에서 알프스 소녀 하이디의 복장을 한 종업원이 따라주는 커피를 즐길 수 있다.

애틀랜타에서 헬렌을 가는 길은 85번 고속도로 북쪽으로 가다 985번 고속도로를 바꿔 타 한시간 정도 달리다 보면 헬렌 조지아로 들어가는 사인이 나온다.

16 달로네가 (Dahlonega)

금광의 도시로 불린다. 애틀랜타에서 1시간 반 거리, GA 400번을 타고 북쪽으로 가면 만나게 된다. 달로네가는 체로키 인디언 말로 노랗다는 뜻이다. 달로네가 근처에 똑같은 이름의 동네가 있다. 인근 체로키 인디언들 당시 마을의 이름도 달로네가. 체스타티 강의 황토를 가리킨 말이다.

최초의 골드러시에 대한 영원한 상징, 금 박물관

'컨설러데이티드 금광'이나 '크리슨 금광' 같이 복구된 금광이 있다. 옛 골드러시를 체험하면서 운이 좋으면 여행 기념으로 금 조각을 몇 개 건져 올 수도 있지 않을까? 달로네가 금 박물관에선 이 지역만의 독특한 광산에 대한 역사도 접할 수 있다.

금광이 개발되면서 널리 쓰이게 된 지명 달로네가 대신, 이전엔 릭록(Licklog)으로 불렸었다. '사슴이 와서 물을 마시던 곳'이란 뜻이다. 달로네가에서 처음으로 금을 발견한 사람에 대해 여러 의견이 분분하지만 젊은 사슴 사냥꾼, 벤자민 팍스의 일화도 유명하다. 1828년 체스타티 강 서편에서 사냥을 하다 바위에 걸려 넘어진 후 무심코 바위를 조사해보니 금 덩어리였다고 한다. 그러나 이전부터 체로키 인디언들은 이 지역에서 상당량의 사금을 채취하곤 했었다고 한다. 스페인의 탐험가, 헤르난도 데 소토 역시 이미 1540년대 초반에 금을 찾기 위해 조지아 북부 지역을 방문했었다.

금광개발이 본격화되면서 지역을 관통하는 마차길(Unicoi Turnpike) 닦는 일이 승인되고, 이후 백인들이 몰려 든다. 1805년에서 1832년까지 조지아 주 정부는 체로키와 크릭 인디안의 땅을 강제 탈취, 백인들에게 추첨으로 분배한다. 고향을 지키고자 했던 체로키 인디언들은 결국 1838년에서 1839년 살을 에는 추위 속에서 현재의 오클라호마까지 군인들에 의해 내쫓긴다. 현재 하이웨이 17번과 75번으로 바뀐 곳이 바로 이 눈물의 길(Trail of Tears)이다. 4천여 체로키 인디안 중 5분의 1이 추위와 굶주림에 목숨을 잃었다.

FUN FACT

미국 골드 러시 최초의 진원지와 달로네가 조폐소

달로네가는 미시시피 강 동쪽 최대 금광의 고향과도 같은 곳이다. 1829년 이 곳에서 최초로 골드 러시가 일어났다.

캘리포니아 보다도 20년 앞선다. 1년도 안 돼 미국 각지에서 1만 5천여 광부가 몰려 들었다. 연방 의회는 1838년, 달로네가에 조폐소 브랜치를 개설한다. 개설 첫 해에 10만 달러에 상당하는 금으로 화폐를 찍어낸다.

1861년 문을 닫을 때까지 실제 액면가 6백만 불에 달하는 150만 불 상당의 금화를 찍어 냈다. 조폐소는 남북전쟁 발발 전에 북부연방에 의해 폐쇄됐다. 현재의 노스 조지아 칼리지의 일부인 이 곳에는 프라이스 기념관이 세워졌는데 17온스의 달로네가 금이 사용됐다고 한다. 애틀랜타의 상징인 주 의사당의 황금 돔, 1889년에 지어진 이 건물은 1958년 달로네가 시민들이 기증한 금으로 지붕 부분이 도금됐다.

17 스모키 마운틴 레일웨이 (Smoky Mountain Railway)

The Great Smoky Mountain Railway 라는 이름의 이 철도는 100여년 전 벌목사업을 위해 건설됐다. 출발지는 앤드류스(Andrews), 브라이슨 시티(Bryson City)와 딜스보로(Dillsboro)다. 난타하라 강을 따라 계곡의 아름다움을 만끽할 수 있으며 모두 둘러보려면 4시간 반이 걸린다. 산속의 거대한 호수와 자연의 웅장함을 즐길 수 있고 래프팅과 카누도 즐길 수 있어 여름 피서지로 더할 나위 없이 좋은 곳이다.

▶ 문의: http://www.gsmr.com

18 앨라배마 현대차 공장 (HMMA)

몽고메리 공항에서 고속도로를 타고 약 20분 달리다 '현대 불러바드'로 이름이 붙여진 도로를 타고 들어오면 울산공장 용지보다 50만평 이상 넓은 210만평의 광활한 대지에 자리 잡은 현대자동차 앨라배마 공장(HMMA)이 한눈에 들어온다.

'현대 불러바드'는 현대차 공장이 이곳에 들어서면서 새로 건설된 도로다. 앨라배마주가 공장 용지를 무상으로 제공하면서 동시에 주 예산으로 만들어준 길이다. 현대차 몽고메리 공장은 2005년 5월 완공된 '한국차의 첫 미국 현지공장'으로 총 17억달러가 투입됐다.

이곳에서는 쏘나타, 엘란트라, 그리고 산타페, 산타크루즈 등 5개 차종을 생산한다. 2021년 8월 27일 공장 가동 16년만에 누적 생산 500만대를 기록했다.

▶ 주소: 700 Hyundai Blvd. Montgomery, AL 36105

💡 FUN FACT

HMMA 투어

앨라배마 몽고메리 현대차 공장(HMMA) 투어를 한다면 더 많은 것을 보고 경험할 수 있다. 비용은 무료이고 투어 시간은 월, 수, 금요일 오전 9시30분, 낮 12시 30분, 오후 2시 30분 등 하루 3회에 걸쳐 투어를 실시한다. 목요일은 오후 6시 30분에 1회만 실시한다. 단 웹사이트를 통한 사전 예약은 필수다. 휴일은 문을 닫는다.

투어 시간은 약 1시간 30분으로 투어 전 8분간 현대차 제조 공정을 설명하는 비디오를 시청하고 투어를 시작하게 된다. 투어 연령 제한이 있는데 6세 이상은 보호자 동반시 투어가 가능하고 어린이 10명당 성인 1명이 반드시 함께해야만 한다.

▶ 웹사이트: http://www.hmmausa.com/hmma-tours

---

19 기아 조지아 (Kia Georgia, Inc)

조지아주를 관통하는 I-85고속도로를 타고 앨라배마 쪽으로 가다 보면 2번 출구 인근에 기아자동차 생산 공장이 한눈에 들어온다. 2007년 11월 웨스트포인트 시에 완공된 기아차 조지아 공장은 12억달러를 들여 연간 34만대 생산규모를 갖췄다. 2021년 현재 텔룰라이드, 쏘렌토, K5 등 3개 차종을 생산하고 있으며 2019년 9월에 누적 생산 300만대를 돌파했다.

2021년 기아차 로고 변경과 함께 기존 '기아차 조지아 공장(KMMG)'이라는 이름도 기아 조지아로 바꿨다.

▶ 주소: 7777 Kia Pkwy, West Point, GA 31833

GO, GEORGIA!

Go Georgia! 2022 애틀랜타 하이킹 가이드

조지아, 그곳이 걷고 싶다

발행처   애틀랜타 중앙일보 (The Korea Daily, Atlanta)
 2400 Pleasant Hill Road #210
 Duluth, GA 30096
 (770) 242-0099
 www.atlantajoongang.com

발행일   2022년 8월 1일

글·사진   이종호
디자인   박성진 (표지), 김미정 (본문)
인쇄   페이퍼웍스

한국 판매처   출판사 포북(for book / Tel. 02-753-2700)

정가 20,000원
ISBN   979-11-5900-125-3(13980)